Mathematik für Wirtschaftsinformatiker

Wolfgang Kohn · Ulrich Tamm

Mathematik für Wirtschaftsinformatiker

Grundlagen und Anwendungen

 Springer

Wolfgang Kohn
Fachbereich Wirtschaft und Gesundheit
Fachhochschule Bielefeld
Bielefeld, Deutschland

Ulrich Tamm
Fachbereich Wirtschaft und Gesundheit
Fachhochschule Bielefeld
Bielefeld, Deutschland

ISBN 978-3-662-59467-4   ISBN 978-3-662-59468-1   (eBook)
https://doi.org/10.1007/978-3-662-59468-1

Die Deutsche Nationalbibliothek verzeichnet diese Publikation in der Deutschen Nationalbibliografie; detaillierte bibliografische Daten sind im Internet über http://dnb.d-nb.de abrufbar.

© Springer-Verlag GmbH Deutschland, ein Teil von Springer Nature 2019
Das Werk einschließlich aller seiner Teile ist urheberrechtlich geschützt. Jede Verwertung, die nicht ausdrücklich vom Urheberrechtsgesetz zugelassen ist, bedarf der vorherigen Zustimmung des Verlags. Das gilt insbesondere für Vervielfältigungen, Bearbeitungen, Übersetzungen, Mikroverfilmungen und die Einspeicherung und Verarbeitung in elektronischen Systemen.
Die Wiedergabe von allgemein beschreibenden Bezeichnungen, Marken, Unternehmensnamen etc. in diesem Werk bedeutet nicht, dass diese frei durch jedermann benutzt werden dürfen. Die Berechtigung zur Benutzung unterliegt, auch ohne gesonderten Hinweis hierzu, den Regeln des Markenrechts. Die Rechte des jeweiligen Zeicheninhabers sind zu beachten.
Der Verlag, die Autoren und die Herausgeber gehen davon aus, dass die Angaben und Informationen in diesem Werk zum Zeitpunkt der Veröffentlichung vollständig und korrekt sind. Weder der Verlag, noch die Autoren oder die Herausgeber übernehmen, ausdrücklich oder implizit, Gewähr für den Inhalt des Werkes, etwaige Fehler oder Äußerungen. Der Verlag bleibt im Hinblick auf geografische Zuordnungen und Gebietsbezeichnungen in veröffentlichten Karten und Institutionsadressen neutral.

Planung/Lektorat: Annika Denkert

Springer ist ein Imprint der eingetragenen Gesellschaft Springer-Verlag GmbH, DE und ist ein Teil von Springer Nature
Die Anschrift der Gesellschaft ist: Heidelberger Platz 3, 14197 Berlin, Germany

Vorwort

Dieses Buch ist aus unseren Aufzeichnungen zur Veranstaltung Mathematik für Wirtschaftsinformatik entstanden. Wir haben beim Verfassen des Buches vor allem auch aktuelle Fragen aus dem Schnittbereich Mathematik, Ökonomie und Informatik aufgenommen.

Unser Fokus liegt dabei auf einer praxisorientierten Darstellung, die gleichzeitig die mathematischen Grundlagen erklärt. Insbesondere ist uns daran gelegen zu erläutern, wo die verschiedenen mathematischen Verfahren in der Wirtschaftsinformatik Verwendung finden.

Die Ergänzung von Programmanweisungen (ausgeführt in R) zeigt eine mögliche Umsetzung der mathematischen Verfahren in einem Programm auf. Dies ist vor allem für praxisorientierte Leser von Interesse.

Verbleibt am Ende eines jeden Vorworts die Danksagung. Unser Dank gilt besonders Prof. Dr. Riza Öztürk und Frau Dipl.-Math. Elke Hark, die uns bei der Erstellung des Textes über lange Zeit unterstützt haben. Alle Fehler gehen zu Lasten der Autoren.

Bielefeld, März 2019 Wolfgang Kohn und Ulrich Tamm

Inhaltsverzeichnis

Teil I Grundlagen Mathematik

1	**Mengenalgebra**	**3**
1.1	Einleitung	3
1.2	Mengen	3
1.3	Mengenoperationen	8
1.4	Mengengesetze	11
1.5	Darstellung von Mengen als **0,1**-Folgen	14
1.6	Inklusion und Exklusion	15
1.7	Übungen	15
2	**Logik**	**19**
2.1	Einleitung	19
2.2	Logische Ausdrücke	20
2.3	Logikgesetze	24
2.4	Darstellung der Wahrheitswerte als 0 und 1	27
2.5	Disjunktive Normalform	28
2.6	Konjunktive Normalform	31
2.7	Prädikate und Quantoren	32
2.8	Übungen	35

3 Zahlensysteme ... 39
3.1 Einleitung ... 39
3.2 Dezimales Zahlensystem ... 40
3.3 Oktales Zahlensystem ... 40
3.4 Hexadezimales Zahlensystem ... 40
3.5 Binäres Zahlensystem ... 41
3.6 Gleitkommadarstellung im binären Zahlensystem ... 42
3.7 Normalisierte Gleitkommadarstellung IEEE 754 ... 42
3.8 Maschinengenauigkeit im Gleitkommasystem ... 45
3.9 Rechenoperationen im Binärsystem ... 47
3.10 Übungen ... 49

4 Gruppen, Ringe und Körper ... 51
4.1 Einleitung ... 51
4.2 Gruppen ... 51
4.3 Ringe ... 52
4.4 Körper ... 53
4.5 Polynomring ... 54
4.6 Übungen ... 55

5 Funktionen ... 57
5.1 Einleitung ... 57
5.2 Funktionen ... 57
5.3 Potenzfunktion ... 61
5.4 Exponential- und Logarithmusfunktion ... 64
5.5 Binomischer Satz ... 67
5.6 Polynome ... 70
5.7 Polynomdivision ... 72
5.8 Übungen ... 74

6 Relationen ... 75
6.1 Einleitung ... 75
6.2 Relationen ... 75
6.3 Äquivalenzrelationen ... 80
6.4 Übungen ... 85

7 Restklassen ... 87
7.1 Einleitung ... 87
7.2 Kongruenz ... 87
7.3 Addition, Subtraktion und Multiplikation kongruenter Zahlen ... 89
7.4 Modulare Inverse ... 91
7.5 Euklidischer Algorithmus ... 95
7.6 Erweiterter euklidischer Algorithmus ... 97
7.7 Übungen ... 99

Teil II Anwendungen

8 Kontrollcodierung ... 103
8.1 Einleitung ... 103
8.2 Internationale Standardbuchnummer ... 103
8.3 Zyklische Codierung ... 104
8.4 Übungen ... 111

9 Kryptologie ... 113
9.1 Einleitung ... 113
9.2 Caesar-Verschlüsselung ... 114
9.3 Primzahlen ... 116
9.4 Kleiner Satz von Fermat ... 118
9.5 Diffie-Hellman-Protokoll ... 120
9.6 RSA-Verschlüsselung ... 123
9.7 Mersenne-Primzahlen ... 125

9.8	Schnelles Exponenzieren	126
9.9	Public-Key-Kryptologie	128
9.10	Übungen	131

10 Hashfunktion und Blockchain ... 133

10.1	Einleitung	133
10.2	Hashfunktion	134
10.3	Kryptografische Hashfunktionen	136
10.4	Blockchain	138
10.5	Übungen	141

Teil III Diskrete Mathematik

11 Enumerative Kombinatorik ... 145

11.1	Einleitung	145
11.2	Permutation	146
11.3	Variation	148
11.4	Kombination	149
11.5	Kombinatorische Berechnungen	151
11.6	Münzwechselproblem	152
11.7	Fibonacci- und Catalan-Zahlen	158
11.8	Übungen	162

12 Erzeugende Funktionen ... 165

12.1	Einleitung	165
12.2	Erzeugende Funktion	165
12.3	Addition erzeugender Funktionen und Rekursionen	166
12.4	Multiplikation erzeugender Funktionen und Catalan-Zahlen	167
12.5	Ableitung erzeugender Funktionen	169
12.6	Übungen	170

13 Analyse von Algorithmen ... 171
- 13.1 Einleitung ... 171
- 13.2 Die Landau-Symbole ... 172
- 13.3 Stirling-Formel ... 176
- 13.4 Komplexität einiger Algorithmen ... 177
- 13.5 Das Problem P ungleich NP ... 178
- 13.6 Einwegfunktionen ... 179
- 13.7 Übungen ... 181

14 Einführung in neuronale Netze ... 183
- 14.1 Einleitung ... 183
- 14.2 Funktionsweise eines Neurons ... 185
- 14.3 Lernen durch Anpassung der Gewichte ... 186
- 14.4 Struktur neuronaler Netze und Deep Learning ... 189
- 14.5 Übungen ... 190

Teil IV Anhang

Bäume, Graphen und deren Darstellung im Computer ... 193
- A.1 Graphen ... 193
- A.2 Bäume ... 194
- A.3 Zeiger ... 195
- A.4 Darstellung von Bäumen und Graphen im Computer ... 196

Lösungen zu den Übungen ... 197

Literaturverzeichnis ... 223

Sachverzeichnis ... 225

Teil I
Grundlagen Mathematik

Kapitel 1
Mengenalgebra

Inhalt

1.1	Einleitung	3
1.2	Mengen	3
1.3	Mengenoperationen	8
1.4	Mengengesetze	11
1.5	Darstellung von Mengen als $0,1$-Folgen	14
1.6	Inklusion und Exklusion	15
1.7	Übungen	15

1.1 Einleitung

Die Mengenlehre ist essenziell für die Mathematik. Mit ihr werden die Grundlagen zur Logik, den Relationen, den Zahlen und eigentlich fast der gesamten Mathematik geschaffen. Zum Beispiel werden die Zahlen mit Hilfe der Mengenlehre konstruiert, und letztlich basiert die gesamte moderne Wahrscheinlichkeitsrechnung auf ihr.

1.2 Mengen

Eine wohldefinierte Gesamtheit eindeutig unterscheidbarer Elemente heißt **Menge**. Allgemein werden Mengen mit großen lateinischen Buchstaben (A, B, C, ...) bezeichnet. Für die Elemente wählt man dann in der Regel kleine lateinische Buchstaben ($a, b, c, \ldots$).

Die Elemente einer Menge werden in geschweiften Klammern zusammengefasst: $A = \{a,b,c\}$. Ein Element kann in einer Menge durch Mehrfachnennung öfter auftreten. Es zählt jedoch nur als ein Element.

Gehört das Element a zur Menge A, so wird dies durch $a \in A$ abgekürzt. Will man ausdrücken, dass a nicht zur Menge A gehört, so schreibt man $a \notin A$.

Die Definition einer Menge erfolgt durch die Beschreibung der Elemente, entweder durch Aufzählung oder eine implizite Beschreibung. Bei der impliziten Beschreibung wird die Menge wie folgt beschrieben:

$$A = \{a \mid \text{umfassende eindeutige Beschreibung von } a\}$$

Die Schreibweise $a \mid \ldots$ bedeutet „für die Elemente a gilt". Alternativ wird auch $a : \ldots$ verwendet.

Sehr häufig sind die Elemente Zahlen. Wenn wir etwas zählen, verwenden wir die Menge der **natürlichen Zahlen**. Sie wird mit dem Symbol $\mathbb{N}$ bezeichnet:

$$\mathbb{N} = \{1,2,3,4,\ldots\}$$

Beispiel 1.1. Die Menge A besteht aus den Zahlen

$$A = \{k \mid k \text{ ist eine natürliche gerade Zahl kleiner } 10\} = \{2,4,6,8\}.$$

Die Menge M besteht aus Elementen, die Zahlenpaare sind:

$$M = \{(x,y) \mid 0 \leq x \leq 4 \text{ und } y = 2x + 3, \text{ und } y \text{ ist ganzzahlig}\}$$

In der Menge M sind also die Zahlenpaare

$$M = \{(0,3),(0.5,4),(1,5),(1.5,6),(2,7),(2.5,8),(3,9),(3.5,10),(4,11)\}$$

enthalten.

Häufig wird die Menge der natürlichen Zahlen um die Null erweitert:

$$\mathbb{N}_0 = \{0,1,2,3,4,\ldots\}$$

Mit der Erweiterung der natürlichen Zahlen um die negativen Zahlen erhält man die Menge der **ganzen Zahlen** $\mathbb{Z}$:

$$\mathbb{Z} = \{\ldots,-4,-3,-2,-1,0,1,2,3,4,\ldots\}$$

Die ganzen Zahlen lassen sich auch anders anordnen:

1.2 Mengen

$$\mathbb{Z} = \{0, 1, -1, 2, -2, 3, -3, \ldots\}$$

Hier lässt sich also sagen, dass -3 die siebente ganze Zahl ist. Die ganzen Zahlen können als eine Folge oder mit einer Abzählformel geschrieben werden. Diese Eigenschaft der ganzen Zahlen wird **abzählbar** genannt. Da die Menge der natürlichen Zahlen und die Menge der ganzen Zahlen unendlich und abzählbar sind, gibt es genauso viele ganze wie natürliche Zahlen. In Abschnitt 6.3 gehen wir kurz auf die Konstruktion der natürlichen und ganzen Zahlen ein.

Das Verhältnis zweier ganzer Zahlen führt zur Menge der **rationalen Zahlen**, z. B. $\frac{-2}{-5} = 0.4$ oder $\frac{5}{3} = 1.666\ldots$ Sie werden mit dem Symbol $\mathbb{Q}$ bezeichnet:

$$\mathbb{Q} = \left\{ \frac{n}{m} \;\middle|\; n \in \mathbb{Z} \text{ und } m \in \mathbb{Z} \setminus \{0\} \right\}$$

Auch die rationalen Zahlen können als eine Folge geschrieben werden und sind daher abzählbar:

$$\mathbb{Q} = \left\{ 0, -1, 1, \frac{-1}{2}, \frac{1}{2}, \frac{-2}{3}, \frac{-1}{3}, \frac{1}{3}, \frac{2}{3}, \ldots \right\}$$

Die Lösung der Gleichung $x^2 = 2$ ist nicht in den bisher beschriebenen Zahlenmengen enthalten. Die positive Wurzel von 2 besitzt unendlich viele Nachkommastellen. Es handelt sich um eine **algebraische Zahl**, da sie aus einem Polynom (Abschnitt 5.6) mit rationalen Koeffizienten ($y = a_0 + a_1 x_1 + a_2 x^2 + \ldots + a_n x^n$) entsteht. Es existieren aber auch **transzendente Zahlen**, die sich nicht als Lösungen von Gleichungen darstellen lassen. Dies sind zum Beispiel die Kreiszahl $\pi = 3.141593\ldots$ oder die Euler'sche Zahl $e = 2.718282\ldots$ Beide Zahlenarten (algebraische und transzendente) werden zur Menge der **irrationalen Zahlen** zusammengefasst.

Die Erweiterung der rationalen Zahlen um die irrationalen Zahlen führt zu der Menge der **reellen Zahlen** mit dem Symbol $\mathbb{R}$. Reelle Zahlen werden in der Regel durch das Zulassen beliebiger, also auch nichtperiodischer, Folgen von Nachkommastellen, definiert. Hier wird die folgende Darstellung als Zahlenstrahl gewählt:

$$\mathbb{R} = \{ x \mid -\infty < x < +\infty \}$$

Die reellen Zahlen und damit auch schon die irrationalen Zahlen sind nicht mehr abzählbar. Wählt man etwa wie oben bei $\mathbb{Z}$ oder $\mathbb{Q}$ die 0 als erste Zahl, so lässt sich für $\mathbb{R}$ nicht mehr klar sagen, was die zweite reelle Zahl ist. Wir werden später die Begriffe **diskret** für endliche sowie abzälbar unendliche Mengen und **kontinuierlich** für die reellen Zahlen benutzen. Insbesondere kann man Werte a_i für abzählbare Mengen noch über $\sum_{i=0}^{\infty} a_i$ aufsummieren, während man bei reellen Zahlen zum Integral übergehen muss. Diese Erklärung, die mathematisch nicht ganz akkurat ist, soll für dieses Buch ausreichen.

Auf dem Zahlenstrahl sind alle Punkte besetzt. Es existieren aber noch Zahlen jenseits der reellen Zahlen. Die Lösung der Gleichung $x^2 = -2$ führt zur Wurzel einer negativen Zahl: $x = \sqrt{-2}$. Sie ist nicht Teilmenge der reellen Zahlen. Das Quadrat jeder reellen Zahl ist positiv. Daher können negative reelle Zahlen keine reellen Wurzeln haben. Mit der Einführung der Definition $i^2 = -1$ und somit $i = \sqrt{-1}$ wird die Menge der reellen Zahlen zu der Menge der **komplexen Zahlen** mit dem Symbol $\mathbb{C}$ erweitert. Die Elemente dieser Menge haben die Form

$$c = a + b \cdot i,$$

wobei a und b Elemente der reellen Zahlen sind. Die Zahl c ist zusammengesetzt aus einem Realteil a und einem imaginären Teil $b\,i$:

$$\mathbb{C} = \{a + bi \mid a, b \in \mathbb{R}\}$$

Die Konstruktion der Zahlen ist in [12] beschrieben. Der Frage „Warum ist Minus mal Minus = Plus" wird kurz in Abschnitt 6.3 nachgegangen.

Zur Illustration von Mengenoperationen werden häufig sogenannte **Venn-Diagramme** (Abb. 1.1) verwendet.

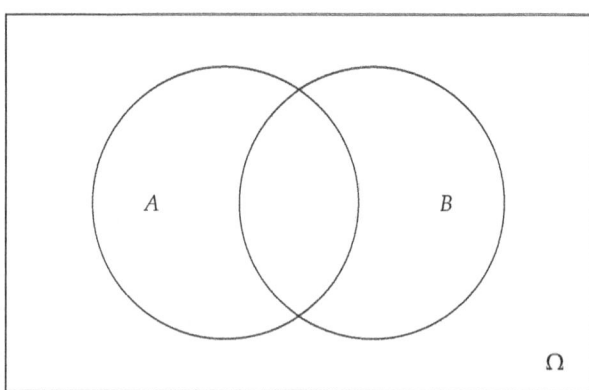

Abb. 1.1: Venn-Diagramm

Die Anzahl der unterscheidbaren Elemente einer Menge A wird als deren **Mächtigkeit** (oder auch Kardinalität) bezeichnet und meistens mit $n(A)$ oder auch $|A|$ abgekürzt. Die Mächtigkeit einer Menge kann endlich oder unendlich sein. Man spricht dann auch von endlichen und unendlichen Mengen.

Beispiel 1.2.
$$X = \{x_1, x_2, \ldots, x_k\} \quad n(X) = k$$
$$\mathbb{N} = \{1, 2, 3, \ldots\} \quad n(\mathbb{N}) = \infty$$
$$A = \{a, b, a, c, a, d\} \quad n(A) = 4$$

Die **Universalmenge** Ω ist bezüglich der zu untersuchenden Elemente die umfassende Menge, die alle Elemente enthält.

Die **leere Menge** $\emptyset$ enthält kein Element.

Zwei Mengen A und B heißen **gleich**, wenn sie die gleichen Elemente enthalten. Man schreibt:
$$A = B$$

Beispiel 1.3. Die Menge
$$A = \{1, -1, \sqrt{1}\}$$
und die Menge
$$B = \{x \in \mathbb{R} \mid x^2 - 1 = 0\}$$
besitzen identische Elemente, nämlich
$$A = B = \{-1, 1\}.$$
Sie sind daher gleich.

Die Menge A heißt **Teilmenge** (oder Untermenge) der Menge B, wenn alle Elemente der Menge A auch in der Menge B enthalten sind. Man schreibt:
$$A \subset B$$

Beispiel 1.4. Die Menge $X = \{x \mid x^2 - 3x + 2 = 0\}$ ist Teilmenge der natürlichen Zahlen: $X \subset \mathbb{N}$, weil die Lösung der quadratischen Gleichung $x_1 = 2$ und $x_2 = 1$ ist.

Die Menge aller Teilmengen einer Menge A heißt **Potenzmenge**. Man schreibt:
$$\wp(A) = \{X \mid X \subseteq A\}$$

Zu den Teilmengen von A gehört sowohl die leere Menge $\emptyset$ als auch die Menge A selbst. Bei n Elementen in der Menge A enthält die Potenzmenge 2^n Teilmengen.

Beispiel 1.5.

$$A = \{a \mid a \text{ ist ein Buchstabe des Namens ANNE}\}$$
$$= \{A, N, E\}$$
$$\wp(A) = \{\emptyset, \{A\}, \{N\}, \{E\}, \{A,N\}, \{A,E\}, \{N,E\}, \{A,N,E\}\}$$

1.3 Mengenoperationen

Es existieren verschiedene Mengenoperationen. Sie sind intuitiv mit dem Hinzufügen, Herausnehmen, Zusammenführen und dem Unterscheiden von Elementen erfassbar.

Vereinigung Die Vereinigung zweier Mengen A und B enthält alle Elemente, die entweder in A oder in B oder in beiden Mengen enthalten sind (Abb. 1.2). Man schreibt:

$$A \cup B = \{x \mid x \in A \text{ oder } x \in B\}$$

Beispiel 1.6. Die Menge A besitzt die Elemente $\{1,2,3\}$. Die Menge B besitzt die Elemente $\{2,3,4\}$. Die Vereinigung ist

$$A \cup B = \{1,2,3,4\}.$$

1.3 Mengenoperationen

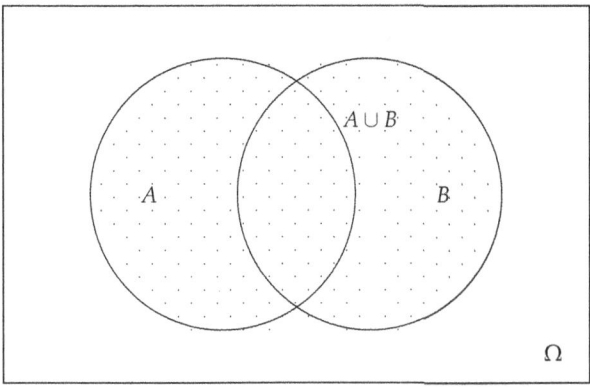

Abb. 1.2: Vereinigung

Zwei Mengen A und B, die keine gemeinsamen Elemente enthalten, heißen **disjunkt**. Die Vereinigung zweier disjunkter Mengen wird auch $A \dot\cup B$ geschrieben.

Durchschnitt Der Durchschnitt zweier Mengen A und B enthält alle Elemente, die sowohl in A als auch in B enthalten sind (Abb. 1.3). Man schreibt:
$$A \cap B = \{x \mid x \in A \text{ und } x \in B\}$$

Beispiel 1.7. Die Schnittmenge von A und B aus Beispiel 1.6 ist
$$A \cap B = \{2,3\}.$$

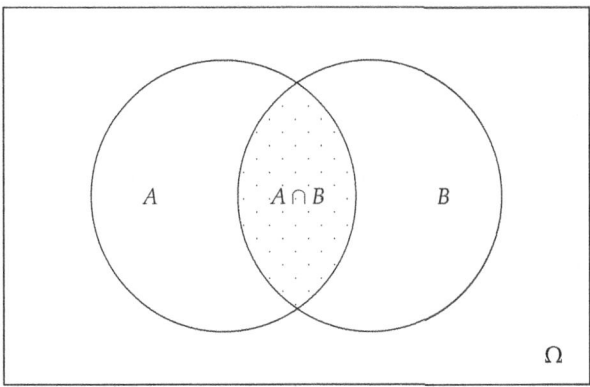

Abb. 1.3: Durchschnitt

Differenz Die Differenz zweier Mengen A und B enthält alle Elemente von A, die nicht in B enthalten sind (Abb. 1.4). Man schreibt:

$$A \setminus B = \{x \mid x \in A \text{ und } x \notin B\}$$

Beispiel 1.8. Die Differenz der beiden Mengen aus Beispiel 1.6 ist

$$A \setminus B = \{1\}.$$

Man beachte, dass bei den Mengen aus Beispiel 1.6 $B \setminus A = \{4\}$ ist. Die Differenz ist also im Gegensatz zu Vereinigung und Durchschnitt keine symmetrische Operation. Dies kann durch die symmetrische Differenz $(A \setminus B) \cup (B \setminus A)$ erreicht werden.

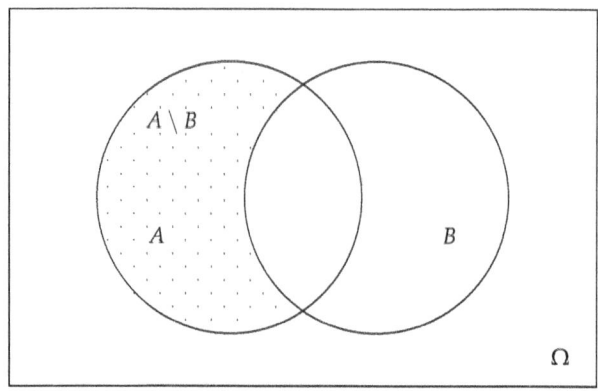

Abb. 1.4: Differenz

Komplement Das Komplement der Menge A bezüglich der Universalmenge Ω enthält alle Elemente der Menge Ω, die nicht in der Menge A enthalten sind (Abb. 1.5). Man schreibt:

$$A^c = \{x \mid x \in \Omega \text{ und } x \notin A\}$$

Oft wird auch die Notation $\overline{A}$ verwendet.

Beispiel 1.9. Angenommen die Universalmenge Ω besteht aus den natürlichen Zahlen 1 bis 5. Dann ist das Komplement der Menge A:

$$A^c = \{4,5\}$$

1.4 Mengengesetze

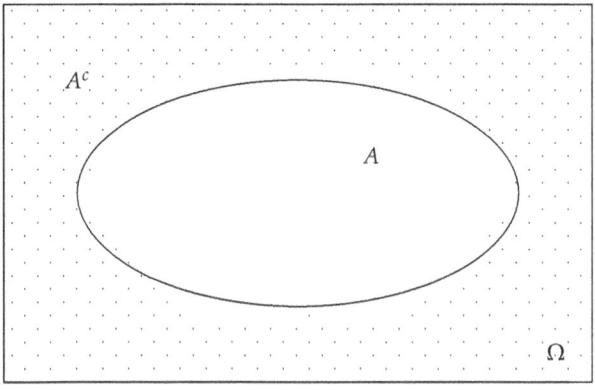

Abb. 1.5: Komplement

Produkt Das Produkt zweier Mengen A und B besteht aus allen Paaren je eines Elements aus der Menge A und aus der Menge B (Abb. 1.6). Man schreibt:

$$A \times B = \{(x,y) \mid x \in A \text{ und } y \in B\}$$

> *Beispiel 1.10.* Das Produkt der Mengen A und B aus Beispiel 1.6 ist
>
> $$A \times B = \{(1,2),(1,3),(1,4),(2,2),(2,3),(2,4),(3,2),(3,3),(3,4)\}.$$
>
> Eine grafische Veranschaulichung der Produktmenge ist ein kartesisches Koordinatensystem mit den Punkten (x,y) (Abb. 1.6).

1.4 Mengengesetze

Idempotenzgesetze Die Vereinigung und der Durchschnitt mit denselben Mengen verändern die Menge nicht:

$$A \cup A = A$$
$$A \cap A = A$$

Identitätsgesetze Die leere Menge enthält kein Element. Folglich verändert die Vereinigung einer Menge mit der leeren Menge die Menge nicht. Der Durchschnitt einer Menge mit der leeren Menge führt folglich zur leeren Menge. Die Universalmenge enthält alle Elemente einer Mengenal-

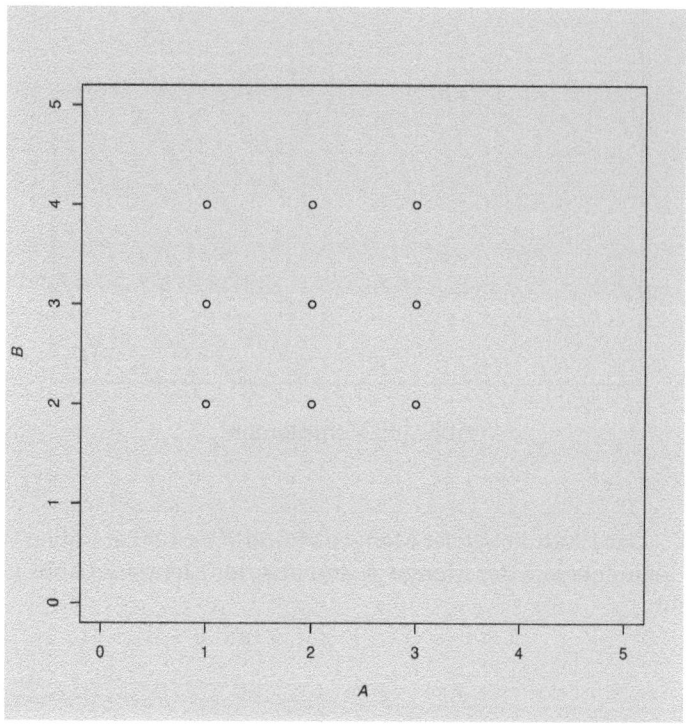

Abb. 1.6: Produktmenge

gebra. Daher ist die Vereinigung einer Menge mit der Universalmenge die Universalmenge. Der Durchschnitt mit ihr ist die Menge selbst.

$$A \cup \emptyset = A$$
$$A \cap \emptyset = \emptyset$$
$$A \cup \Omega = \Omega$$
$$A \cap \Omega = A$$

Komplementgesetze Eine Menge vereinigt mit ihrem Komplement ergibt die Universalmenge. Der Durchschnitt einer Menge mit ihrem Komplement ist die leere Menge:

$$A \cup A^c = \Omega$$
$$A \cap A^c = \emptyset$$

Kommutativgesetze Die Vertauschung zweier Mengen bei der Vereinigung bzw. beim Durchschnitt ändert nicht das Ergebnis:

1.4 Mengengesetze

$$A \cup B = B \cup A$$
$$A \cap B = B \cap A$$

Assoziativgesetze Die Reihenfolge der Vereinigung bzw. des Durchschnitts von Mengen ändert nicht das Ergebnis:

$$(A \cup B) \cup C = A \cup (B \cup C)$$
$$(A \cap B) \cap C = A \cap (B \cap C)$$

Distributivgesetze Die Vereinigung von B, C geschnitten mit A ist gleich der Vereinigung der Durchschnitte von A, B und A, C. Der Durchschnitt von B, C vereinigt mit A ist identisch mit dem Durchschnitt der Vereinigungen von A, B und A, C:

$$A \cap (B \cup C) = (A \cap B) \cup (A \cap C)$$
$$A \cup (B \cap C) = (A \cup B) \cap (A \cup C)$$

Beispiel 1.11. Es sind die Mengen $A = \{1,2,5\}$, $B = \{1,2,3\}$ und $C = \{1,3,4\}$ gegeben. Für das erste Distributivgesetz ergibt sich:

$$A \cap (B \cup C) = \{1,2,5\} \cap (\{1,2,3\} \cup \{1,3,4\}) = \{1,2\}$$
$$(A \cap B) \cup (A \cap C) = (\{1,2\}) \cup (\{1\}) = \{1,2\}$$

Für das zweite Distributivgesetz ergibt sich:

$$A \cup (B \cap C) = \{1,2,5\} \cup (\{1,2,3\} \cap \{1,3,4\}) = \{1,2,3,5\}$$
$$(A \cup B) \cap (A \cup C) = \{1,2,3,5\} \cap \{1,2,3,4,5\} = \{1,2,3,5\}$$

De-Morgan-Gesetze Das Komplement des Durchschnitts von A und B ist gleich der Vereinigung der beiden Komplementmengen. Das Komplement der Vereinigung von A und B ist gleich dem Durchschnitt der beiden Komplementmengen:

$$(A \cap B)^c = A^c \cup B^c$$
$$(A \cup B)^c = A^c \cap B^c$$

Beispiel 1.12. Es sind die Mengen $\Omega = \{1,2,3,4,5\}$, $A = \{1,2,5\}$ und $B = \{1,2,3\}$ gegeben. Für das erste De-Morgan-Gesetz ergibt sich:

$$(A \cap B)^c = (\{1,2,5\} \cap \{1,2,3\})^c = (\{1,2\})^c = \{3,4,5\}$$
$$A^c \cup B^c = \{3,4\} \cup \{4,5\} = \{3,4,5\}$$

Für das zweite De-Morgan-Gesetz ergibt sich:

$$(A \cup B)^c = (\{1,2,5\} \cup \{1,2,3\})^c = (\{1,2,3,5\})^c = \{4\}$$
$$A^c \cap B^c = \{3,4\} \cap \{4,5\} = \{4\}$$

1.5 Darstellung von Mengen als 0,1-Folgen

In der Informatik wird mit Bits und Bytes gearbeitet, also mit Folgen von Nullen und Einsen. Möchte man Mengen im Computer abspeichern, bietet sich dafür die folgende Darstellung an. Die Grundmenge Ω mit der Mächtigkeit n entspricht einer Folge von n vielen Einsen. Jede Teilmenge A von Ω wird dann ebenfalls durch eine Folge von n vielen Nullen und Einsen repräsentiert, wobei an Position i eine 1 gesetzt ist, wenn das i-te Element von Ω in A enthalten ist, und eine 0, wenn das i-te Element nicht in A enthalten ist.

Beispiel 1.13. Es seien wieder $\Omega = \{1,2,3,4,5\}$, $A = \{1,2,5\}$ und $B = \{1,2,3\}$ gegeben. Dann sind:

$$\Omega = 11111, \quad \emptyset = 00000$$
$$A = 11001, \quad B = 11100$$

Neben der Möglichkeit, Mengen im Computer abzuspeichern, bietet diese Darstellung noch weitere Vorteile. So kann man hier etwa leicht sehen, dass eine n-elementige Menge genau 2^n Teilmengen hat, da es für jede der n Komponenten in der Folgendarstellung die beiden möglichen Werte 0 und 1 gibt.

Sehr wichtig ist insbesondere der Bezug zur Logik, da Vereinigung und Durchschnitt komponentenweise durch logisches ODER bzw. UND ermittelt werden. Deshalb sind auch die Gesetze in der Logik sehr ähnlich denen in der Mengenlehre.

1.6 Inklusion und Exklusion

Sind zwei Mengen A und B disjunkt, so gilt für die Mächtigkeit ihrer Vereinigung offensichtlich
$$n(A \dot\cup B) = n(A) + n(B).$$
Eine ähnliche Identität, die durch Ersetzen der Mächtigkeit durch Wahrscheinlichkeiten entsteht, wird später das wichtige dritte Kolmogorov-Axiom in der Wahrscheinlichkeitstheorie sein.

Haben die beiden Mengen A und B einen nichtleeren Durchschnitt ($A \cap B \neq \emptyset$), so wird dieser bei Addition der beiden Mächtigkeiten doppelt gezählt und muss daher zur Ermittlung der Mächtigkeit der Vereinigung $A \cup B$ einmal subtrahiert werden. Dies ist das Prinzip von **Inklusion und Exklusion**:
$$n(A \cup B) = n(A) + n(B) - n(A \cap B)$$

Beispiel 1.14. Es sind wieder die Mengen $A = \{1,2,5\}$ und $B = \{1,2,3\}$ gegeben. Dann ist
$$n(A \cup B) = n(\{1,2,3,5\}) = 4$$
und
$$n(A) + n(B) - n(A \cap B) = 3 + 3 - n(\{1,2\}) = 6 - 2 = 4.$$

Das Prinzip von Inklusion und Exklusion lässt sich auch auf das Abzählen von Vereinigungen von mehr als zwei Mengen erweitern. So ist etwa
$$n(A \cup B \cup C) = n(A) + n(B) + n(C) - n(A \cap B)$$
$$- n(A \cap C) - n(B \cap C) + n(A \cap B \cap C).$$

1.7 Übungen

Übung 1.1. Betrachten Sie in der Grundmenge
$$\Omega = \{1,\ldots,8\}$$
die Teilmengen
$$A = \{1,\ldots,5\}$$

und
$$B = \{2,3,5,7,8\}.$$

Bestimmen Sie:

$$A^c \cap B \qquad A \cup B^c \qquad A^c \cap B^c$$

Übung 1.2. Beschreiben Sie die folgenden Mengen mithilfe von Eigenschaften:

$$M_1 = \{0,3,6,9,12\}$$
$$M_2 = \{-3,-2,-1,0,1,2,3\}$$
$$M_3 = \{1,3,5,7,9\}$$
$$M_4 = \{2,4,6,8,10\}$$

Übung 1.3. Eine Umfrage ergab, dass 50 Personen Kaffee und 40 Personen Tee mögen. Beide Zahlen schließen 35 Personen ein, die Kaffee und Tee mögen. Schließlich gab es noch 10 Personen, die weder Kaffee noch Tee mögen. Wie viele Personen insgesamt haben an der Umfrage teilgenommen?

Übung 1.4. Auf einem Messestand erwerben von 110 Besuchern 50 den Artikel A, 80 den Artikel B und 70 den Artikel C. 20 Besucher kaufen die Artikel A, B und C. Außerdem erwerben jeweils 20 Besucher *nur* die Artikel B und C (nicht A) sowie A und C (nicht B). 30 Besucher kaufen nur den Artikel B.

1. Wie viele Besucher kaufen nur den Artikel A?
2. Wie viele nur den Artikel C?

Übung 1.5. An einer Untersuchung zur Frage, welche Zeitung (A, B oder C) sie an einem bestimmten Tag gelesen hatten, nahmen 1000 Personen teil. Die Antworten zeigten, dass 420 Personen Zeitung A, 326 Zeitung B und 160 Zeitung C gelesen hatten. Diese Zahlen schließen 116 Personen ein, die Zeitung A und B gelesen hatten, 100 Personen, die Zeitung A und C gelesen hatten, und 30 Personen, die Zeitung B und C gelesen hatten. Und dann gab es noch 16 Personen, die alle drei Zeitungen gelesen hatten.

1. Wie viele Personen hatten Zeitung A, aber nicht Zeitung B gelesen?
2. Wie viele Personen hatten Zeitung C, aber weder Zeitung A noch Zeitung B gelesen?
3. Wie viele Personen hatten weder Zeitung A noch Zeitung B noch Zeitung C gelesen?

Übung 1.6. Vereinfachen Sie folgenden Ausdruck:

$$(S^c \cap T^c)^c \cap (S^c \cap T^c)$$

Übung 1.7. Bestimmen Sie für $S = \{1,2\}$, $T = \{a,b\}$ und $V = \{b,c\}$ folgende Mengen:

$$S \times (T \cap V)$$
$$(S \times T) \cup (S \times V)$$
$$(S \times T) \cap (S \times V)$$

Kapitel 2
Logik

Inhalt

2.1	Einleitung	19
2.2	Logische Ausdrücke	20
2.3	Logikgesetze	24
2.4	Darstellung der Wahrheitswerte als 0 und 1	27
2.5	Disjunktive Normalform	28
2.6	Konjunktive Normalform	31
2.7	Prädikate und Quantoren	32
2.8	Übungen	35

2.1 Einleitung

Logik ist die Lehre vom folgerichtigen Denken, d. h. vom richtigen Schlussfolgern aufgrund gegebener Aussagen. Sie ist daher ein Teilgebiet der Philosophie. Im 20. Jahrhundert haben sich daraus wichtige theoretische Grundlagen der Informatik entwickelt, wie die Turing-Maschine als ein Modell für einen Rechner und die Programmierung für Computer.

Die Logik ist eng verwandt mit der Mengenlehre, da sich viele Rechengesetze übertragen lassen. Wichtiger für die Informatik sind aber die Interpretation logischer Operationen, speziell UND bzw. XOR, als arithmetische Operationen wie Multiplikation oder Addition von Bits. Außerdem werden logische Ausdrücke oft als Schaltkreise gelesen, die sich sehr gut in Hardware implementieren lassen.

Wir werden hier nur die zweiwertige Logik betrachten, in welcher Aussagen nur die beiden Wahrheitswerte WAHR oder FALSCH annehmen können. Mehrwertige Logiken wurden speziell in fernöstlichen Philosophien studiert.

© Springer-Verlag GmbH Deutschland, ein Teil von Springer Nature 2019
W. Kohn und U. Tamm, *Mathematik für Wirtschaftsinformatiker*,
https://doi.org/10.1007/978-3-662-59468-1_2

Wichtig für die Informatik ist noch die Fuzzy-Logik, bei der auch Zwischenwerte zugelassen werden. Diese findet wichtige Anwendungen etwa bei Bauelementen von Kameras.

2.2 Logische Ausdrücke

Eine **Aussage** A ist ein Satz, der entweder WAHR oder FALSCH ist. Ein dritter Wert existiert nicht, ein Teil- oder Zwischenwert ebenfalls nicht.

> *Beispiel 2.1.* Wenn es nicht regnet oder schneit, spielt Riza Fußball.
>
> Aussage A: Es regnet nicht.
> Aussage B: Es schneit nicht.
> Aussage C: Riza spielt Fußball.
>
> Der Wahrheitsgehalt der zusammengesetzten Aussage ist WAHR, wenn es nicht regnet oder nicht schneit und Riza Fußball spielt, bzw. FALSCH, wenn es nicht regnet und nicht schneit und Riza nicht spielt.
> Weniger offensichtlich ist indes, dass die Aussage stets WAHR ist, wenn Riza Fußball spielt, gleichgültig wie das Wetter ist. Der scheinbare Widerspruch klärt sich, wenn zwischen der Aussage und dem Wahrheitswert unterschieden wird.

Die Auswertung erfolgt sehr häufig mit **Wahrheitstafeln**, d. h. Tabellen, in denen alle Kombinationen von WAHR und FALSCH für die Aussagen aufgelistet und ausgewertet sind.

Negation $\neg A$. Man liest nicht A.
Umkehrung des Wahrheitswertes (Tab. 2.1).

> *Beispiel 2.2.* Die Negation der Aussage A „Es regnet nicht" ist $\neg A$: „Es regnet."

Tabelle 2.1: Wahrheitstafel für Negation

A	$\neg A$
w	f
f	w

2.2 Logische Ausdrücke

Konjunktion $A \wedge B$. Man liest: A und B.
Verbindung von zwei Aussagen mit einem logischen UND. Sie ist nur WAHR, wenn sowohl A als auch B WAHR sind (Tab. 2.2).

Tabelle 2.2: Wahrheitstafel für Konjunktion

A	B	$A \wedge B$
w	w	w
w	f	f
f	w	f
f	f	f

Beispiel 2.3. „Es schneit nicht" und „Es regnet nicht". Wenn beides WAHR ist, dann ist die Konjunktion der beiden Aussagen WAHR. Trifft eine der beiden Aussagen nicht zu, dann ist die Konjunktion FALSCH.

Disjunktion $A \vee B$. Man liest: A oder B.
Verbindung von zwei Aussagen mit einem logischen ODER. Sie ist WAHR, wenn wenigstens eine der beiden Aussagen WAHR ist (Tab. 2.3). Dies muss man in der Logik vom *Entweder-oder* abgrenzen (siehe XOR-Operator).

Tabelle 2.3: Wahrheitstafel für Disjunktion

A	B	$A \vee B$
w	w	w
w	f	w
f	w	w
f	f	f

Beispiel 2.4. „Es schneit nicht" oder „Es regnet nicht". Wenn eine der beiden Aussagen zutrifft, dann ist die Gesamtaussage WAHR.

Implikation $A \rightarrow B$. Man liest: Aus A folgt B.
Schlussfolgerung (Konklusion) aus einer Aussage A, die Voraussetzung (Prämisse) genannt wird. Eine Implikation ist WAHR, wenn A und B WAHR sind. Sie ist aber auch WAHR, wenn aus „A FALSCH" „B FALSCH" oder aus „A FALSCH" „B WAHR" gefolgert wird. Sie ist nur dann FALSCH, wenn aus „A WAHR" „B FALSCH" gefolgert wird (Tab. 2.4). Ist $A \rightarrow B =$ WAHR, so schreibt man $A \Rightarrow B$. Gilt $A \Rightarrow B$, so heißt A hinreichende Bedingung für B und B notwendige Bedingung für A.

Tabelle 2.4: Wahrheitstafel für Implikation

A	B	A → B
w	w	w
w	f	f
f	w	w
f	f	w

Beispiel 2.5. Riza spielt Fußball. Der Tag ist regenfrei. $A \Rightarrow B$: Wenn der Tag trocken ist, dann spielt Riza Fußball.
Die Aussage „Der Tag ist ohne Regen" ist hinreichend dafür, dass die Aussage „Riza spielt Fußball" WAHR ist. Notwendigerweise spielt Riza Fußball, wenn der Tag ohne Regen ist. Die Umkehrung gilt jedoch nicht: „Wenn Riza Fußball spielt, ist der Tag ohne Regen."Riza spielt auch in der Halle Fußball.

Beispiel 2.6. Aussage A: Hans geht zur Schule.
Aussage B: Hans ist älter als vier Jahre.
$A \Rightarrow B$: Wenn Hans zur Schule geht, dann ist er älter als vier Jahre.
Die Aussage, dass Hans zur Schule geht, ist hinreichend dafür, dass die Aussage „Hans ist älter als vier Jahre" WAHR ist. Hans ist notwendigerweise älter als vier Jahre, wenn er zur Schule geht. Die Umkehrung „Wenn Hans älter als vier Jahre ist, geht er zur Schule" gilt jedoch nicht.

Äquivalenz $A \leftrightarrow B$. Man liest: A genau dann, wenn B.
Die Implikation gilt in beiden Richtungen, d. h. $A \to B$ und $B \to A$. Die Äquivalenz ist dann WAHR, wenn A und B denselben Wahrheitswert haben. Sie ist FALSCH, wenn der Wahrheitswert von den beiden verschieden ist (Tab. 2.5). Ist $A \leftrightarrow B =$ WAHR, so schreibt man $A \Leftrightarrow B$.

Tabelle 2.5: Wahrheitstafel für Äquivalenz

A	B	A ↔ B
w	w	w
w	f	f
f	w	f
f	f	w

2.2 Logische Ausdrücke

> *Beispiel 2.7.* Aussage A: x ist durch 2 teilbar. Aussage B: y ist eine gerade Zahl. Es gilt $x \Leftrightarrow y$, weil jede gerade Zahl durch 2 teilbar ist und alle durch 2 teilbaren Zahlen geraden Zahlen sind. Die Aussage ist WAHR.

NAND $A \mid B$. Man liest: A NAND B.
Der Wahrheitsverlauf (f,w,w,w) wird durch den **Sheffer-Operator** oder NAND beschrieben (Tab. 2.6). Umkehrung der Konjunktion.

Tabelle 2.6: Wahrheitstafel für NAND

A	B	$A \mid B$
w	w	f
w	f	w
f	w	w
f	f	w

NOR $A \downarrow B$. Man liest: A NOR B.
Der Wahrheitsverlauf (f,f,f,w) wird durch den **Peirce-Operator** oder NOR beschrieben (Tab. 2.7). Umkehrung der Disjunktion.

Tabelle 2.7: Wahrheitstafel für NOR

A	B	$A \downarrow B$
w	w	f
w	f	f
f	w	f
f	f	w

XOR $A \oplus B$. Man liest: A XOR B.
Der Operator wird als „ENTWEDER ODER" oder „EXCLUSIVE OR" (kurz XOR) bezeichnet (Tab. 2.8). Umkehrung der Äquivalenz.

Tabelle 2.8: Wahrheitstafel für XOR

A	B	$A \oplus B$
w	w	f
w	f	w
f	w	w
f	f	f

Für die Logikoperatoren gelten folgende **Rechenregeln**:

- Klammerausdrücke werden von innen nach außen interpretiert.
- Operationen werden in der folgenden Reihenfolge interpretiert:

  1. Negation
  2. NAND
  3. NOR
  4. XOR
  5. Konjunktion
  6. Disjunktion
  7. Implikation
  8. Äquivalenz

Jeder logische Ausdruck kann durch einen Ausdruck ersetzt werden, der nur die Operatoren $\neg, \wedge, \vee$ enthält:

$$A \to B = \neg A \vee B$$
$$A \leftrightarrow B = (A \to B) \wedge (B \to A)$$
$$A \mid B = \neg(A \wedge B)$$
$$A \downarrow B = \neg(A \vee B)$$
$$A \oplus B = (A \wedge \neg B) \vee (\neg A \wedge B)$$

Jeder logische Ausdruck kann durch einen Ausdruck ersetzt werden, der nur den Sheffer-Operator $\mid$ oder den Peirce-Operator $\downarrow$ enthält (nicht ($\neg$) wird also noch eingespart):

$$\neg A = A \mid A = A \downarrow A$$
$$A \vee B = (A \mid A) \mid (B \mid B) = (A \downarrow B) \downarrow (A \downarrow B)$$
$$A \wedge B = (A \mid B) \mid (A \mid B) = (A \downarrow A) \downarrow (B \downarrow B)$$

2.3 Logikgesetze

Idempotenzgesetze Konjunktion und Disjunktion einer Aussage A mit sich selbst liefert die Aussage A:

2.3 Logikgesetze

$$A \wedge A = A$$
$$A \vee A = A$$

> *Beispiel 2.8.* Die Aussage „Es schneit nicht" ändert sich nicht durch eine Konjunktion oder durch eine Disjunktion mit sich selbst.

Neutrale Wahrheitswerte Die Konjunktion einer Aussage A mit WAHR liefert stets A und mit FALSCH stets FALSCH. Die Disjunktion einer Aussage A mit WAHR liefert stets WAHR und mit FALSCH stets A:

$$A \wedge \text{WAHR} = A$$
$$A \vee \text{WAHR} = \text{WAHR}$$
$$A \wedge \text{FALSCH} = \text{FALSCH}$$
$$A \vee \text{FALSCH} = A$$

> *Beispiel 2.9.* Die Aussage „Es schneit nicht" konjunktiv mit WAHR verknüpft liefert die Aussage A „Es schneit nicht". Die Aussage „Es schneit" disjunktiv mit WAHR verknüpft liefert stets WAHR.

Die Konjunktion mit FALSCH ist stets FALSCH; die Disjunktion mit FALSCH ist stets A.

Kommutativgesetze Die Aussagen A und B können bei der Konjunktion und bei der Disjunktion vertauscht werden, ohne dass sich der Wahrheitswert ändert:

$$A \wedge B = B \wedge A$$
$$A \vee B = B \vee A$$

Assoziativgesetze Die Reihenfolge einer konjunktiven oder disjunktiven Operation ändert den Wahrheitswert nicht:

$$(A \wedge B) \wedge C = A \wedge (B \wedge C)$$
$$(A \vee B) \vee C = A \vee (B \vee C)$$

Distributivgesetze Die Konjunktion von A mit einer disjunktiven Operation B und C ist gleich der Disjunktion der Konjunktion von A und B sowie A und C. Für dieses Gesetz existiert die Analogie in der Arithmetik: $A \cdot (B + C) = A \cdot B + A \cdot C$. Die Disjunktion von A mit einer konjunktiven Operation B und C ist gleich der Konjunktion der Disjunktion von A und

B sowie A und C. Für dieses Distributivgesetz existiert in der Arithmetik keine Analogie:

$$A \wedge (B \vee C) = (A \wedge B) \vee (A \wedge C)$$
$$A \vee (B \wedge C) = (A \vee B) \wedge (A \vee C)$$

Absorptionsgesetze Die Absorptionsgesetze sind mit den Regeln der Mengenlehre leicht nachvollziehbar:

$$A \wedge (A \vee B) = A$$
$$A \vee (A \wedge B) = A$$

Beispiel 2.10. Die Aussage A ist „Riza spielt Fußball". Die Aussage B ist „Es regnet nicht". Angenommen A ist WAHR und B ist WAHR oder FALSCH. Dann ist $(A \vee B)$ stets WAHR und somit auch $A \wedge (A \vee B)$, weil die Aussagewerte von A und $(A \vee B)$ WAHR sind. Betrachten wir das zweite Absorptionsgesetz. Die Konjunktion $(A \wedge B)$ liefert für die obige Annahme den Aussagewert WAHR oder FALSCH. Für $A \vee (A \wedge B)$ gilt aber stets WAHR. Die Aussage B beeinflusst den Aussagewert von A nicht.

De-Morgan-Gesetze Die Negation einer Konjunktion ist gleich der Disjunktion der negierten Aussagen. Die Negation einer Disjunktion ist gleich der Konjunktion der negierten Aussagen:

$$\neg(A \wedge B) = \neg A \vee \neg B$$
$$\neg(A \vee B) = \neg A \wedge \neg B$$

Beispiel 2.11. Aussage A ist „kein Regen", Aussage B ist „kein Schnee". Die Verneinung von „kein Regen" UND „kein Schnee" ist „Regen" ODER „Schnee".
Die Verneinung von „kein Regen" ODER „kein Schnee" ist „Regen" UND „Schnee".

Kontraposition Aus „A folgt B" ist gleich aus „nicht B folgt nicht A".

$$(A \rightarrow B) = (\neg B \rightarrow \neg A)$$

Beispiel 2.12. Aussage A „kein Regen", Aussage B „Riza spielt Fußball". Die Implikation „kein Regen" $\to$ „Riza spielt Fußball" ist identisch mit „Riza spielt nicht Fußball" $\to$ „Regen". Natürlich gilt die Kontraposition auch für die anderen drei Kombinationen der Wahrheitswerte.

Konsensusregeln Die erste Konsensusregel besagt, dass der Term $(B \wedge C)$ im Term $(A \wedge B) \vee (\neg A \wedge C) \vee (B \wedge C)$ redundant ist. Entweder A oder $\neg A$ muss WAHR sein. Daher muss auch $(A \wedge B) \vee (\neg A \wedge C)$ WAHR sein, wenn $(B \wedge C)$ gilt. Gilt $(B \wedge C)$ nicht, dann muss $(A \wedge B) \vee (\neg A \wedge C)$ FALSCH sein. Am leichtesten lässt sich diese Regel mit einer Wahrheitstabelle oder einem Venn-Diagramm überprüfen. Für die zweite Konsensusregel gilt eine entsprechende Überlegung:

$$(A \wedge B) \vee (\neg A \wedge C) \vee (B \wedge C) = (A \wedge B) \vee (\neg A \wedge C)$$
$$(A \vee B) \wedge (\neg A \vee C) \wedge (B \vee C) = (A \vee B) \wedge (\neg A \vee C)$$

Aus den Gesetzen und Regeln können folgende **Umwandlungsregeln** hergeleitet werden:

$$A \vee B = \neg A \to B = \neg B \to A$$
$$A \wedge B = \neg(A \to \neg B) = \neg(B \to \neg A)$$
$$A \leftrightarrow B = (\neg A \vee B) \wedge (A \vee \neg B)$$
$$A \leftrightarrow B = (A \wedge B) \vee (\neg A \wedge \neg B)$$
$$A \leftrightarrow B = \neg A \leftrightarrow \neg B$$
$$\neg(A \leftrightarrow B) = A \leftrightarrow \neg B = \neg A \leftrightarrow B$$

2.4 Darstellung der Wahrheitswerte als 0 und 1

Im Folgenden wird auch die numerische Darstellung der Wahrheitswerte durch WAHR = 1 bzw. FALSCH = 0 gewählt. Diese Darstellung wird im Folgenden gleichbedeutend mit der w-, f-Notation benutzt und besitzt verschiedene Vorteile.

Logische Ausdrücke als Schaltkreise Sie ist näher an der Informatik, da damit der Wahrheitswert durch ein Bit (etwa 1 bedeutet Strom fließt, 0 bedeutet, Strom fließt nicht) repräsentiert wird. Dies erlaubt auch die Übersetzung komplizierter logischer Ausdrücke in Schaltkreise, welche sich wiederum gut in Hardware implementieren lassen.

Zusammenhang mit der Mengenlehre Die obigen Rechengesetze, insbesondere Distributiv- und De-Morgan-Gesetze, sind eng verwandt mit den entsprechenden Gesetzen in der Mengenlehre. Dies liegt daran, dass die Regeln aus der Logik elementweise (also Bit für Bit) zu lesen sind, die Regeln aus der Mengenlehre aber für die gesamte Menge gelten. Die Formeln übertragen sich dann, wenn man Komplement ^{c} durch NICHT $\neg$, Vereinigung $\cup$ durch ODER $\vee$ sowie Durchschnitt $\cap$ durch UND $\wedge$ ersetzt.

Logische Ausdrücke als arithmetische Operationen Wichtig für die Informatik ist auch die Übertragung der Wahrheitstafeln der logischen Ausdrücke UND bzw. XOR als Verknüpfungstabellen der arithmetischen Operationen Multiplikation und Addition (ohne Übertrag). Diese Operationen sind bitweise zu lesen, Überträge müssen separat vermerkt werden, etwa durch ein entsprechendes Flag in der Maschinensprache. Sie bilden damit die Grundlage für die Zahlendarstellung im Binärsystem und die damit verbundenen Rechnungen.

UND/ODER als Minimum/Maximum Die Darstellung der Wahrheitswerte als 1 bzw. 0 erlaubt es auch, die logischen Operationen UND als Minimum bzw. ODER als Maximum der verknüpften Wahrheitswerte zu interpretieren. Dies ist nützlich für verschiedene Anwendungen in der Mathematik und erlaubt auch durch natürliche Erweiterung auf größere Zahlbereiche den Übergang zu mehrwertiger oder Fuzzy-Logik.

2.5 Disjunktive Normalform

Für jede Wahrheitstafel existiert ein logischer Ausdruck in disjunktiver Normalform, der den vorgeschriebenen Wahrheitsverlauf realisiert.

Eine **disjunktive Normalform** wird durch einen logischen Ausdruck der Form

$$m_1 \vee m_2 \vee \cdots \vee m_n$$

erzeugt. Dabei ist jedes m_i eine Konjunktion der Variablen, die (in den Zeilen der Wahrheitstafel) für den Ausgang den Wert WAHR besitzen. Die Terme m_i werden **Minterme** genannt, weil eine Konjunktion nur für eine Kombination der Variablen den Wert WAHR annimmt. In dem Sinn sind sie „minimal".

Beispiel 2.13. Es wird eine logische Schaltung mit einem Schalter p angenommen (aus [3, Abschnitt 1.2]). Liegt ein Signal am Schalter p an (wahr), dann wird der Inhalt der Leitung q übertragen. Liegt am Schalter p kein Signal an (falsch), dann wird der Inhalt der Leitung r übertragen (Abb. 2.1).

2.5 Disjunktive Normalform

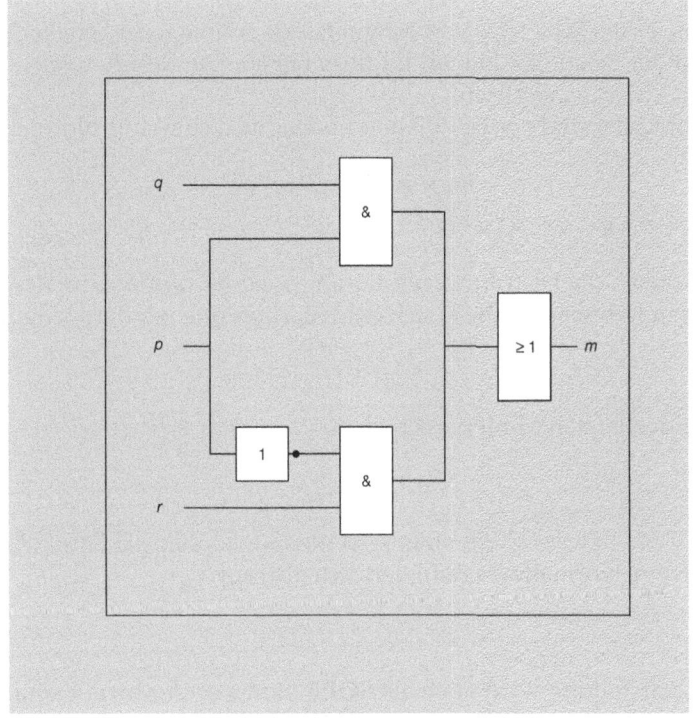

Abb. 2.1: Logische Schaltung

Die Symbole in Abb. 2.1 bezeichnen: & = Konjunktion, ≥ 1 = Disjunktion, 1• = Negation.

Tabelle 2.9: Wahrheitstabelle zu Beispiel 2.13

i	p	q	r	m_i
1	w	w	w	w
2	w	f	w	f
3	f	w	w	w
4	f	f	f	f
5	w	w	f	w
6	w	f	f	f
7	f	f	w	w
8	f	w	f	f

Bildet man eine Wahrheitstafel (Tab. 2.9), so sind alle drei Argumente zu berücksichtigen. Daher treten acht Kombinationen auf. Das Resultat wird aber vom Schalter p vorbestimmt, sodass einmal der Schalter q und einmal der Schalter r keinen Einfluss haben. Die Resultate $m_1,\ldots,m_4$ und $m_5,\ldots,m_8$ sind gleich.

Die Minterme sind $i = 1,3,5,7$ und bilden die disjunktive Normalform:

$$m_1 \vee m_3 \vee m_5 \vee m_7 \Leftrightarrow$$
$$(p \wedge q \wedge \neg r) \vee (p \wedge q \wedge r) \vee (\neg p \wedge \neg q \wedge r) \vee (\neg p \wedge q \wedge r)$$

Nun können die Distributivgesetze angewendet werden, um den Ausdruck zu reduzieren. Die ersten beiden Minterme werden vereinfacht zu:

$$(p \wedge q) \wedge (r \vee \neg r)$$

Die beiden letzten Minterme ergeben:

$$(\neg p \wedge r) \wedge (q \vee \neg q)$$

Da $(r \vee \neg r)$ bzw. $(q \vee \neg q)$ stets WAHR sind, können sie entfallen. Die disjunktive Normalform reduziert sich also auf:

$$(p \wedge q) \vee (\neg p \wedge r)$$

Diese Darstellung wird auch als **SOPE** (Sums of Products Expansion) bezeichnet. Sie liefert den gleichen Wahrheitsverlauf wie die disjunktive Normalform, nur ist sie kürzer.

Das **Karnaugh-Diagramm** ist ein Algorithmus, um die SOPE-Darstellung einer disjunktiven Normalform zu finden. Es existieren verschiedene Darstellungen des Karnaugh-Diagramms.

In einem Karnaugh-Diagramm werden disjunktive Verknüpfungen der Normalform abgetragen. Auf den Tabellenrändern werden die Disjunktionen der Normalform abgelesen. Der Tabellenkern enthält Konjunktionen.

Beispiel 2.14. Man sieht in Tabelle 2.10, dass die vier Terme aus Beispiel 2.13 sich durch vier Positionen in der Tabelle wiedergeben lassen. Die beiden Einsen in den Positionen $(p \wedge q \wedge r)$ und $(p \wedge q \wedge \neg r)$ besitzen die Konjunktion $(r \vee \neg r)$. Sie kann entfallen, da sie immer WAHR ist, und reduziert den Ausdruck zu $(p \wedge q)$. Für die beiden außen stehenden Einsen in der Zeile $r = 1$ kann die Konjunktion $(q \vee \neg q)$ entfallen, sodass nur noch der Ausdruck $(\neg p \wedge r)$ erhalten bleibt. Die Konjunktion der beiden reduzierten Terme liefert die SOPE-Darstellung. Die Methode wird auch Minterm-Methode genannt.

Tabelle 2.10: Karnaugh-Diagramm zu Beispiel 2.13

‖	0	1	1	0	‖p
‖	0	0	1	1	‖q

0‖		1			‖
1‖	1		1	1	‖
r‖					‖

2.6 Konjunktive Normalform

Jede Formel der Aussagenlogik lässt sich auch in eine konjunktive Normalform umwandeln. Dazu genügt es, die Zeilen der Wahrheitstafel mit dem Resultat FALSCH disjunktiv mit invertierter Belegung zu verknüpfen. Die Klauseln werden Maxterme genannt. Durch konjunktive Verknüpfung der **Maxterme** erhält man schließlich die **konjunktive Normalform**.

Beispiel 2.15. Zu der Wahrheitstafel in Beispiel 2.13 ergibt sich folgende konjunktive Normalform:

$$(\neg p \vee q \vee \neg r) \wedge (p \vee q \vee r) \wedge (\neg p \vee q \vee r) \wedge (p \vee \neg q \vee r)$$

Die Variablen werden negiert und als Disjunktionsterm im Karnaugh-Diagramm notiert. Die Disjunktionsterme werden konjunktiv verknüpft. Man erhält dann die reduzierte konjunktive Normalform. Diese Methode wird die Maxterm-Methode genannt.

Sind weniger Felder mit 0 als mit 1 belegt, wählt man die Minterm-Methode. Im umgekehrten Fall ist Maxterm-Methode günstiger.

Beispiel 2.16. Zu der disjunktiven Normalform aus Beispiel 2.13 wird die reduzierte konjunktive Normalform über das Karnaugh-Diagramm gesucht. In die Karnaugh-Tabelle werden die negierten Terme der konjunktiven Normalform mit Nullen eingetragen. Nun werden die Nullen mit negierten Variablen konjunktiv zusammengefasst und die Terme disjunktiv verbunden.

Tabelle 2.11: Karnaugh-Diagramm zu Beispiel 2.13

	0	1	1	0	p
	0	0	1	1	q
0	0	0		0	
1		0			
r					

Aus Tabelle 2.11 erhält man die reduzierte konjunktive Normalform:

$$(\neg p \vee q) \wedge (p \vee r)$$

Sie ist logisch gleich der reduzierten disjunktiven Normalform $(p \wedge q) \vee (\neg p \wedge r)$.

2.7 Prädikate und Quantoren

Ein Prädikat in der Grammatik ist eine Satzaussage. Es bestimmt das Subjekt näher. Ein Prädikat in der Mathematik kann z. B. mit

$$p(x_1, \ldots, x_n)$$

bezeichnet werden und nimmt in Abhängigkeit von der Belegung der x_i mit Elementen aus der Menge $\mathbb{M}$ den Wert WAHR oder FALSCH an.

Beispiel 2.17. Für das Prädikat $p(x) : x > 2$ und $x \in \mathbb{N}$ ist $p(2)$ FALSCH und $p(5)$ WAHR.

Beispiel 2.18. Für das Prädikat $q(x,y) : y = x + 5$ mit $(x,y) \in \mathbb{N}$ ist $q(1,2)$ FALSCH und $q(2,7)$ WAHR.

Prädikate sind sinnvoll, um Aussagen über Elemente von Mengen zu treffen. Um Prädikate in Aussagen umzuwandeln, benutzt man sogenannte **Quantoren**.

Allquantor $\forall x$. Man liest: für alle x. Für ein Prädikat $p(x)$ mit dem Grundbereich $\mathbb{M}$ ist

2.7 Prädikate und Quantoren

$$\forall x \in \mathbb{M} : p(x)$$

eine logische Aussage. Die Aussage $\forall x \in \mathbb{M} : p(x)$ ist genau dann WAHR, wenn $p(x)$ für jedes x aus $\mathbb{M}$ WAHR ist. Man liest $\forall x \in \mathbb{M}$: Für alle $x \in \mathbb{M}$ gilt $p(x)$.

Existenzquantor $\exists x$. Man liest: Es gibt ein x. Für das Prädikat $p(x)$ ist

$$\exists x \in \mathbb{M} : p(x)$$

eine logische Aussage. Die Aussage $\exists x \in \mathbb{M} : p(x)$ ist genau dann WAHR, wenn mindestens ein x in $\mathbb{M}$ existiert, sodass $p(x)$ WAHR ist. Man liest $\exists x \in \mathbb{M} : p(x)$: Es existiert ein $x \in \mathbb{M}$, sodass $p(x)$ gilt. Gibt es genau ein Element, sodass $\exists x : p(x)$ WAHR ist, dann wird $\exists ! x : p(x)$ geschrieben.

Ist der Grundbereich klar, dann wird häufig nur

$$\forall x : p(x) \quad \text{bzw.} \quad \exists x : p(x)$$

geschrieben.

Beispiel 2.19. Ist $x \in \mathbb{N}$, und

$$p(x) = x \text{ ist eine Primzahl.}$$

Dann stellt $\forall x : p(x)$ die Aussage „Für jedes x aus $\mathbb{N}$ gilt: x ist eine Primzahl" dar. Diese Aussage ist FALSCH, da z. B. 4 keine Primzahl ist. Die Aussage $\exists x : p(x)$ ist aber WAHR, da z. B. 3 eine Primzahl ist.

Beispiel 2.20. Für das Prädikat $p(x) : x + 1 \geq 1$ ist $\forall x \in \mathbb{R}^+ : p(x)$ eine wahre Aussage.

Beispiel 2.21. Die Aussage $\exists ! x \in \mathbb{R} : x^2 = 2$ ist FALSCH, weil auch $(-\sqrt{2}) \cdot (-\sqrt{2}) = 2$ gilt. Hingegen ist die Aussage $\exists x \in \mathbb{R} : x^2 = 2$ WAHR.

Ausklammerregeln

$$\begin{aligned}\forall x : p(x) \land q(x) &\Leftrightarrow \forall x : p(x) \land \forall x : q(x) \\ \exists x : p(x) \lor q(x) &\Leftrightarrow \exists x : p(x) \lor \exists x : q(x)\end{aligned}$$

Es gilt nicht:

$$\forall x : p(x) \vee q(x) \quad \Leftrightarrow \quad \forall x : p(x) \vee \forall x : q(x)$$
$$\exists x : p(x) \wedge q(x) \quad \Leftrightarrow \quad \exists x : p(x) \wedge \exists x : q(x)$$

Negationsregeln

$$\neg \forall x : p(x) \quad \Leftrightarrow \quad \exists x : \neg p(x)$$
$$\neg \exists x : p(x) \quad \Leftrightarrow \quad \forall x : \neg p(x)$$

Beispiel 2.22. Es liegen die beiden folgenden Aussagen vor:

$$p(x) : x \text{ ist kleiner 10} \qquad q(x) : x \text{ ist größer 10}$$

Man kann ausklammern:

$$\forall x : p(x) \wedge q(x) \quad \Leftrightarrow \quad \forall x : p(x) \wedge \forall x : q(x)$$

Für die beiden Aussagen gilt nicht:

$$\forall x : p(x) \vee q(x) \quad \not\Leftrightarrow \quad \forall x : p(x) \vee \forall x : q(x)$$

Vertauschungsregeln

$$\forall x \forall y : p(x,y) \quad \Leftrightarrow \quad \forall y \forall x : p(x,y)$$
$$\exists x \exists y : p(x,y) \quad \Leftrightarrow \quad \exists y \exists x : p(x,y)$$

Es ist zu beachten, dass das Vertauschen eines Allquantors und eines Existenzquantors die Aussage verändert:

$$\forall x \exists y : p(x,y)$$

Dies bedeutet: Für jedes x gibt es ein y, sodass $p(x,y)$ WAHR ist:

$$\exists x \forall y : p(x,y)$$

Dies bedeutet: Es gibt ein x, sodass $p(x,y)$ WAHR ist für jedes y.

Beispiel 2.23. $\forall x \exists y : x+y = 0$. Für jedes x erfüllt die reelle Zahl $y = -x$ die Gleichung.
$\exists x \forall y : x+y = 0$. Es gibt eine reelle Zahl x, mit der $x+y = 0$ für alle reellen Zahlen y erfüllt ist. Das ist FALSCH. Es existiert keine reelle Zahl.

> *Beispiel 2.24.* $\exists x \forall y : 1 = |y|^x$. Es gibt eine reelle Zahl $x = 0$, mit der $|y|^x = 1$ für alle reellen Zahlen y erfüllt ist. Das ist richtig. $\forall x \exists y : 1 = |y|^x$ gilt nicht.

2.8 Übungen

Übung 2.1. Weisen Sie nach, dass das Distributivgesetz

$$p \wedge (q \vee r) = (p \wedge q) \vee (p \wedge r)$$

gilt.

Übung 2.2. 1. Bringen Sie die Verknüpfung $a \to b$ auf eine disjunktive Normalform.

2. Berechnen Sie die SOPE-Form.

Übung 2.3. Die Wahrheitstafel (Tab. 2.12) enthält die vorgegebenen Wahrheitsverläufe für zwei logische Schaltungen a und b. Schreiben Sie beide logische Ausdrücke in disjunktiver Normalform. Konstruieren Sie die Karnaugh-Diagramme, und bestimmen Sie die SOPE-Darstellungen für die Schaltungen.

Tabelle 2.12: Zwei Schaltungen

p	q	r	a	b
f	f	f	f	w
f	f	w	w	w
f	w	f	f	w
f	w	w	f	f
w	f	f	f	f
w	f	w	w	f
w	w	f	f	f
w	w	w	w	w

Übung 2.4. Eine Öldruckkontrolle soll für folgende zwei Fälle Gefahr signalisieren:

1. Der Motor läuft, es ist aber kein Öldruck vorhanden.

2. Der Motor läuft, und die Öltemperatur ist zu hoch.

Entwickeln Sie eine SOPE-Darstellung für einen logischen Ausdruck, der diese Kontrolle realisiert. Verwenden Sie $m = w$ für „Motor läuft", $d = w$ für „Öldruck vorhanden" und $t = w$ für „Temperatur in Ordnung".

Übung 2.5. Geben Sie für den Ausdruck

$$[(a \land \neg b) \lor (\neg a \land b)] \oplus a$$

die disjunktive Normalform an.

Übung 2.6. Stellen Sie für folgenden logischen Ausdruck ein Karnaugh Diagramm auf und bilden Sie die reduzierte disjunktive Normalform.

$$(m \land d \land \neg t) \lor (m \land \neg d \land t) \lor (m \land \neg d \land \neg t)$$

Übung 2.7. Analysieren Sie den Wahrheitsverlauf der folgenden Terme:

1. $(A \Rightarrow B) \Leftrightarrow (\neg A \lor B)$

2. $(A \lor B) \Leftrightarrow (\neg A \land \neg B)$

3. $(A \Rightarrow \neg B) \Leftrightarrow \big((A \land \neg B) \Rightarrow (C \land \neg C)\big)$

4. $\big((A \land B) \Rightarrow \neg B\big) \Leftrightarrow (\neg A \Rightarrow \neg B)$

Übung 2.8. Überprüfen Sie die Rechenregeln mit den beiden Prädikaten

$$p(x) = x \text{ ist ungerade}$$

und

$$q(x) = x \text{ ist gerade.}$$

Übung 2.9. Es sind folgende Prädikate gegeben:

$p(x) = x$ ist durch zwei teilbar.
$q(x) = x$ ist durch drei teilbar.
$r(x) = x$ ist durch sechs teilbar.

Als Grundbereich ist $x \in \mathbb{N}$ vorgegeben. Formulieren Sie die folgenden Aussagen verbal und untersuchen Sie den Wahrheitswert:

1. $\forall x : q(x) \Rightarrow p(x)$
2. $\forall x : r(x) \Rightarrow q(x)$
3. $\forall x : p(x) \wedge q(x) \Leftrightarrow r(x)$
4. $\forall x : \neg p(x) \wedge \neg q(x) \wedge \neg r(x)$

Übung 2.10. Bilden Sie die Negation für die Aussagen in Übung 2.9 und formen Sie den negierten Ausdruck so um, dass das Negationszeichen unmittelbar vor der Einzelaussage steht.

Kapitel 3
Zahlensysteme

Inhalt

3.1	Einleitung	39
3.2	Dezimales Zahlensystem	40
3.3	Oktales Zahlensystem	40
3.4	Hexadezimales Zahlensystem	40
3.5	Binäres Zahlensystem	41
3.6	Gleitkommadarstellung im binären Zahlensystem	42
3.7	Normalisierte Gleitkommadarstellung IEEE 754	42
3.8	Maschinengenauigkeit im Gleitkommasystem	45
3.9	Rechenoperationen im Binärsystem	47
3.10	Übungen	49

3.1 Einleitung

Im Computer werden Zahlen anders gespeichert, als wir es von der Mathematik mit dem Dezimalsystem her kennen. Dies liegt daran, dass im Computer pro Bit nur die zwei Zustände 0 und 1 (oder FALSCH und WAHR) gespeichert werden. Mehrere Bits werden zur Darstellung einer Zahl zusammengefasst. Dazu wird das binäre Zahlsystem benutzt, das ähnlich wie das dezimale System aufgebaut ist, aber nur die Ziffern 0 und 1 benutzt. Für die Informatik sind auch das oktale (mit den Ziffern 0 bis 7) und das hexadezimale Zahlensystem, welches die Ziffern 0 bis 9 und die Buchstaben A bis F verwendet, von Bedeutung.

3.2 Dezimales Zahlensystem

Das dezimale Zahlensystem besteht aus den Ziffern 0 bis 9.

> *Beispiel 3.1.* Die Darstellung der Zahl 125 bedeutet dann genau:
> $$125 = 1 \cdot 10^2 + 2 \cdot 10^1 + 5 \cdot 10^0$$

3.3 Oktales Zahlensystem

Das oktale Zahlensystem besteht aus den Ziffern 0 bis 7. Sie werden heute nur noch selten verwendet, u. a. zur Speicherung der Dateizugriffsrechte unter Linux.

> *Beispiel 3.2.* Umwandlung einer Dezimalzahl ins oktale Zahlensystem:
> $$125 = 1 \cdot 8^2 + 61$$
> $$61 = 7 \cdot 8^1 + 5 \quad \Rightarrow 125 = (175)_8$$
> $$5 = 5 \cdot 8^0$$

3.4 Hexadezimales Zahlensystem

Das hexadezimale Zahlensystem besteht aus den Ziffern 0 bis 9 und den Buchstaben A bis F. In der Informatik wird dieses Zahlensystem zur Darstellung von Maschinencodes verwendet.

> *Beispiel 3.3.* Umwandlung einer Dezimalzahl ins Hexadezimalsystem:
> $$125 = 7 \cdot 16^1 + 13$$
> $$13 = \underbrace{13}_{D} \cdot 16^0 \quad \Rightarrow 125 = (7D)_{16}$$

3.5 Binäres Zahlensystem

Das binäre Zahlensystem besteht aus den Ziffern 0 und 1.

Beispiel 3.4. Umwandlung einer Dezimalzahl ins binäre Zahlensystem:

$$125 = 1 \cdot 2^6 + 61$$
$$61 = 1 \cdot 2^5 + 29$$
$$29 = 1 \cdot 2^4 + 13$$
$$13 = 1 \cdot 2^3 + 5 \quad \Rightarrow 125_{10} = (1111101)_2$$
$$5 = 1 \cdot 2^2 + 1$$
$$1 = 0 \cdot 2^1 + 1$$
$$1 = 1 \cdot 2^0$$

Den maximalen Exponenten findet man mit:

$$125 = 2^n \Rightarrow n = \left\lfloor \frac{\ln 125}{\ln 2} \right\rfloor = \lfloor 6.965... \rfloor = 6$$

Es gibt noch eine weitere Möglichkeit, diese binäre Darstellung zu erhalten, ohne zunächst den maximalen Exponenten zu ermitteln. Dazu dividiert man sukzessive mit Rest durch die Zahl 2 und schreibt anschließend die Reste in umgekehrter Reihenfolge nebeneinander. Beide Wege lassen sich auch auf die Umwandlung dezimaler Zahlen in andere Zahlensysteme übertragen.

Beispiel 3.5. Umwandlung einer Dezimalzahl ins binäre Zahlensystem:

$$125 = 2 \cdot 62 + 1$$
$$62 = 2 \cdot 31 + 0$$
$$31 = 2 \cdot 15 + 1$$
$$15 = 2 \cdot 7 + 1 \quad \Rightarrow 125_{10} = (1111101)_2$$
$$7 = 2 \cdot 3 + 1$$
$$3 = 2 \cdot 1 + 1$$
$$1 = 2 \cdot 0 + 1$$

3.6 Gleitkommadarstellung im binären Zahlensystem

Im Dezimalsystem ist dann die erste Nachkommastelle mit $\frac{1}{10}$, die zweite $\frac{1}{10^2}$ usw. zu multiplizieren. Im Binärsystem gilt entsprechend $\frac{1}{2}, \frac{1}{2^2}, \ldots$

> Beispiel 3.6. Die Zahl $(2.2)_{10}$ wird als eine binäre Zahl dargestellt:
>
> $2 = (10)_2$
> $0.2 = 0 \cdot 2^{-1} + 0.2 \to 0$
> $0.2 = 0 \cdot 2^{-2} + 0.2 \to 0$
> $0.2 = 1 \cdot 2^{-3} + 0.075 \to 1$
> $0.075 = 1 \cdot 2^{-4} + 0.0125 \to 1 \quad \Rightarrow 2.2 = (10.\overline{0011})_2$
> $0.0125 = 0 \cdot 2^{-5} + 0.0125 \to 0$
> $\vdots$

Eine Gleitkommazahl mit Vorzeichen kann in der Form

$$x = (-1)^v m b^e$$

dargestellt werden. Mit v wird das Vorzeichenbit, mit m die Mantisse, mit b die Zahlensystembasis und mit e der Exponent bezeichnet.

> Beispiel 3.7. Die Zahl 2.2 kann dann wie folgt dargestellt werden:
>
> $2.2 = (-1)^0 \cdot 2.2 \cdot 10^0$
> $ = (-1)^0 \cdot (10.\overline{0011})_2 \cdot 2^0$

3.7 Normalisierte Gleitkommadarstellung IEEE 754

Normalisierung heißt, eine Zahl auf den Wertebereich

$$1 \leq m < b$$

zu normieren.

3.7 Normalisierte Gleitkommadarstellung IEEE 754

Im IEEE-Standard (IEEE = Institute of Electrical and Electronics Engineers) mit 32 Bit werden für den Exponenten $r = 8$ Speicherplätze reserviert. Damit können bei $b = 2$ Exponenten von -127 bis $+128$ dargestellt werden. Um ausschließlich positive Exponenten zu erhalten, wird ein sogenannter **Bias** von 127 zum eigentlichen Exponentenwert addiert. Aufgrund von Sonderformaten (siehe besondere Zahlen) stehen aber nur die Zahlen von 1 bis 254 zur Verfügung. Somit können dann nur die Exponenten von -126 bis 127 dargestellt werden. Die IEEE-Norm stellt die Zahlen wie folgt dar:

$$\underset{1}{v}\ \underset{r=8}{E}\ \underset{p=23}{M}$$

Beispiel 3.8. Die Zahl 2.2 ist in der normalisierten Darstellung, weil $1 \leq 2.2 < 10$ gilt.
Die binäre Zahl $10.\overline{0011}$ muss erst noch auf den Bereich $1 \leq m < 2$ normalisiert werden:

$$\left(10.\overline{0011}\right)_2 = \left(1.0\overline{0011}\right)_2 \cdot 2^1$$
$$= 1 + \frac{1}{2^4} + \frac{1}{2^5} + \frac{1}{2^8} + \frac{1}{2^9} + \frac{1}{2^{12}} + \frac{1}{2^{13}} + \dots$$
$$= 1.0999\dots \cdot 2 \approx 2.2$$

Die Eins vor dem Komma kann im binären Zahlensystem entfallen, da in der normalisierten Darstellung alle Zahlen hier eine Eins besitzen. Dies spart Speicherplatz. Die fehlende Eins wird als **Hidden Bit** bezeichnet.

Beispiel 3.9. In Beispiel 3.8 war der Exponent 1. Mit dem Bias erweitert ergibt sich der neue Exponent:

$$E = e + B = 1 + 127 = 128 = (10000000)_2$$

Um M zu erhalten, wird die Mantisse mit Nullen hinten aufgefüllt, wenn eine Zahl im binären Zahlensystem weniger als 23 Stellen benötigt.

Beispiel 3.10. M mit Hidden Bit, also ohne Eins vor dem Komma:

$$M = 00011001100110011001100$$
$$\text{IEEE} = 0\ |\ 10000000\ |\ 00011001100110011001100$$

Um aus der IEEE-Darstellung wieder eine Dezimalzahl zu erhalten muss diese mit dem Bias korrigiert werden:

$$x = (-1)^v \cdot 1.M \cdot b^{E-B}$$

Beispiel 3.11.

$$x = (-1)^0 \cdot (1.00011001100110011001100)_2 \cdot 2^{128-127}$$
$$= 1.1 \cdot 2^1 = 2.2$$

Besondere Zahlen:

- Normale Zahl: $0 < e < 255 : x = (-1)^v \cdot 1.M \cdot 2^{E-127}$
- Null: $e = -127, m = 0 : x = 0$
- Unendlich: $e = 255, m = 0 : x = (-1)^v \cdot \infty$
- Keine Zahl: $e = 255, m \neq 0 : x = NAN$

R-Code 3.1. Programmanweisungen in der Software R zur Umrechnung einer Dezimalzahl in eine Binärzahl im IEEE-Standard und Rückrechnung in eine Dezimalzahl:

```
# Eingabe x
x <- 2.2

# Vorgaben
M.laenge <- 23      # Mantissenlänge bei IEEE 32 Bit
r <- 8              # Exponentialstellen
v <- 0              # Vorzeichen mit Plus vorgegeben
if (x < 0) v <- 1   # falls Zahl negativ
Bias <- 127

# Umwandlung in Binärzahl
if (x != 0){
    p <- floor(log(abs(x)) / log(2))
    m <- (abs(x) / (2^p) - 1) * 2^M.laenge
    m.bin <- matrix(0,1,M.laenge)
    for (i in 1:M.laenge){
        m.rest <- m-2^(M.laenge-i)
        m.bin[,i] <- ifelse(m.rest >= 0,m.bin[,i]<-1,
            m.bin[,i]<-0)
        if (m.rest >= 0) m <- m.rest
    }
    E <- p + Bias
    E.bin <- matrix(0,1,r)
```

```
    for (i in 1:r){
        E.rest <- E-2^(r-i)
        E.bin[,i] <- ifelse(E.rest >= 0,E.bin[,i]<-1,
            E.bin[,i]<-0)
        if (E.rest >= 0) E <- E.rest
    }
} else{
    E.bin <- matrix(0,1,r)
    m.bin <- matrix(0,1,M.laenge)
}
# Ausgabe als IEEE
ieee <- cat('ieee=',v,'.',E.bin,'.',m.bin)

# Rückrechnung
m.dec <- 0
for (i in 1:M.laenge){
    m.dec <- m.dec + m.bin[,i]*2^(-i)
}
if(all(E.bin == 0) & all(m.bin == 0)){
    Z <- 0
} else{
    Z <- (-1)^v * (1 + m.dec) * 2^p
}
# Ausgabe als Dezimalzahl
cat('Z=',Z)
```

3.8 Maschinengenauigkeit im Gleitkommasystem

Aufgrund der endlichen Mantisse in der Gleitkommadarstellung lassen sich Zahlen auf dem Computer nicht beliebig genau darstellen. Daher sind Gleitkommazahlen im Binärsystem nicht gleichmäßig verteilt. Der Abstand zur Basis 2 wird bei jeder Zweierpotenz verdoppelt.

Beispiel 3.12. In Tabelle 3.1 sind die normalisierten Binärzahlen mit einer Mantisse $p = 3$ mit verschiedenen Zweierpotenzen in Dezimalzahlen umgerechnet. Es wird deutlich, dass der Zahlenabstand nicht gleich bleibt (Abb. 3.1). Es gibt eine kleinste Zahl ungleich 0, im Gegensatz zu den reellen Zahlen. Aus dem Abstand zwischen 1 und der nächstgrößeren Zahl wird die Maschinengenauigkeit bestimmt, hier $1.25 - 1 = 0.25$.

Tabelle 3.1: Maschinengenauigkeit

	2^{-1}	2^0	2^1	2^2	2^3
$(0.000)_2$	0	0	0	0	0
$(1.000)_2$	0.5	1	2	4	8
$(1.010)_2$	0.625	1.25	2.5	5	10
$(1.100)_2$	0.75	1.5	3	6	12
$(1.110)_2$	0.875	1.75	3.6	7	14

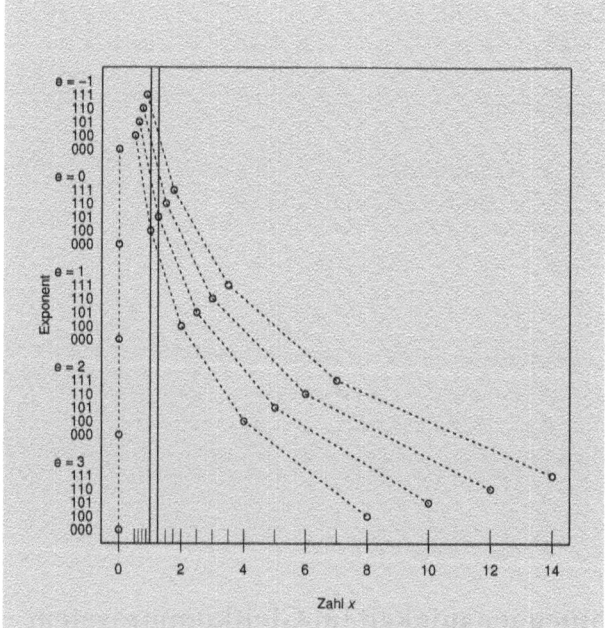

Abb. 3.1: Maschinengenauigkeit für $p = 3$

Beispiel 3.13. Wird die Zahl $(1.26)_{10}$ in eine Binärzahl mit einer Mantisse $p = 3$ (hier Anzahl der Zifferstellen) umgerechnet, dann erhält man $(1.010)_2 = (1.25)_{10}$. Die restlichen Stellen werden hier abgeschnitten. Der relative Fehler beträgt

$$\left| \frac{1.26 - 1.25}{1.26} \right| = 0.007936508.$$

Die Zahl $(1.49)_{10}$ wird im Binärsystem bei einer Mantisse von 3 ebenfalls als $(1.010)_2$ dargestellt. Der relative Fehler beträgt dann 0.161073826.

Die **Maschinengenauigkeit** gibt den maximalen relativen Fehler an.

In Beispiel 3.12 beträgt die Maschinengenauigkeit 0.25. Die Maschinengenauigkeit eines gegebenen normalisierten Gleitkommasystems ist der Abstand zwischen 1 und der nächstgrößeren Zahl. Eine Maschine, die eine Mantisse mit $p = 3$ Stellen verarbeiten kann, besitzt eine Maschinengenauigkeit von

$$\epsilon_M = 2^{-p} \cdot b^1 = 2^{1-p} = 2^{-2} = 0.25.$$

Es existieren verschiedene Definitionen für die Maschinengenauigkeit.

3.9 Rechenoperationen im Binärsystem

Die Darstellung von Zahlen im Computer hängt eng mit den verschiedenen Datentypen zusammen, die in modernen Programmiersprachen zur Verfügung stehen. Wahrheitswerte (etwa Datentyp Bool oder Boolean) sind durch ein Bit abzuspeichern. Zeichen wie Buchstaben, Ziffern, Sonder- und Steuerzeichen werden aus Tabellen ausgelesen – etwa der ASCII-Tabelle, deren 256 Einträge durch acht Bits zu adressieren sind.

Auslesen aus Tabellen ist eine sehr schnelle Operation, allerdings wird in der Regel auch mit Zahlen gerechnet, sodass sich deren Darstellung nach den Erfordernissen der Grundrechenarten richtet. So lassen sich zwei Zahlen $x_1 = (-1)^{v_1} \cdot m_1 \cdot 2^{b_1}$ und $x_2 = (-1)^{v_2} \cdot m_2 \cdot 2^{b_2}$ durch Multiplikation der Mantissen und Addition der Exponenten multiplizieren,

$$x_1 \cdot x_2 = (-1)^{v_1+v_2} \cdot (m_1 \cdot m_2) \cdot 2^{b_1+b_2},$$

und entsprechend dividieren:

$$\frac{x_1}{x_2} = (-1)^{v_1-v_2} \cdot \frac{m_1}{m_2} \cdot 2^{b_1-b_2}$$

Bei der Darstellung von Zahlen unterscheidet man zwischen ganzen Zahlen und reellen Zahlen, für welche die Gleitkommadarstellung gewählt wird. Ganze Zahlen werden durch Datentypen wie `integer`, `int`, `long` bezeichnet, wobei die Anzahl Bits zur Darstellung einer ganzen Zahl je nach Datentyp und Prozessor variieren kann.

Für reelle Zahlen, die durch Datentypen wie `real`, `float`, `double` oder `extended` bezeichnet werden, wird in der Regel der IEEE-Standard 754 gewählt, der ebenfalls je nach Datentyp oder Prozessor unterschiedliche Bitzahlen aufweisen kann. Neben dem oben besprochenen Standard für 32

Bits gibt es auch eine Festlegung für 64 Bits (1 Vorzeichenbit, 11 Bits für den Exponenten, 52 Bits für die Mantisse) und sogar für 79 Bits (1, 15, 63). Dies erlaubt die Darstellung größerer Zahlbereiche und genauere Rechnungen. Für Anwendungen, die sehr große Zahlen oder Rechengenauigkeit – etwa in der Kryptografie – erfordern, wurden spezielle Softwarepakete entwickelt. Mit wachsendem Speicher zur Darstellung einer Zahl wird allerdings die Geschwindigkeit der Rechnung abnehmen.

Die Rechenoperationen werden von der Strichrechnung zur Punktrechnung immer komplexer. Der Aufwand für Addition und Subtraktion ist noch überschaubar, während Multiplikation und insbesondere die Division mehr Zeit in Anspruch nehmen. Die Rechnungen können im Binärsystem analog zum Dezimalsystem durchgeführt werden, wie im Folgenden gezeigt wird. Es gibt einige Vereinfachungen: Subtraktion kann durch Addition des sogenannten Zweierkompliments erreicht werden, und die Multiplikation mit einer binären Ziffer ist ohne Rechnung durchführbar ($0 \cdot x = 0$: Speicherinhalt besteht dann nur aus Nullen, $1 \cdot x = x$: Speicherinhalt wird kopiert). Trotzdem wird zur Multiplikation von sehr großen oder genauen Zahlen oft noch eine Fourier-Transformation durchgeführt. Sind in der Division sehr präzise Ergebnisse, also große Rechengenauigkeit, verlangt, so werden gewisse Werte sogar aus Tabellen ausgelesen. 1994 ereignete sich der bekannte Pentium-Bug: Wegen eines fehlerhaften Inhalts in einer solchen Divisionstabelle musste Intel damals die CPUs mit dem fehlerhaften Pentium-Prozessor austauschen.

Beispiel 3.14. Addition von zwei Binärzahlen: Als Beispiel erfolgt die Rechnung $23 + 5 = 28$ im Binärsystem. Die Zahlen $23 = (00010111)_2$ und $5 = (00000101)_2$ werden zunächst mit acht Bits binär eincodiert. Die Addition erfolgt wie vertraut im Dezimalsystem durch stellenweises Addieren mit Übertrag:

$$\begin{array}{r} 00010111 \\ + 00000101 \\ 1\,1\,1 \\ \hline 00011100 \end{array}$$

Beispiel 3.15. Subtraktion von zwei Binärzahlen: Zur Subtraktion $23 - 5 = 18$ im Binärsystem wird zunächst das Zweierkomplement von $5 = (00000101)_2$ durch Invertieren jeder einzelnen Komponente gebildet, also $(11111010)_2$. Durch Addition von 1 ergibt sich das Einerkomplement, hier $(11111011)_2$. Dieses Einerkomplement wird nun zur Zahl $23 = (00010111)_2$ addiert. Vernachlässigt man den letzten Übertrag, ergibt sich in der binären Acht-Bit Darstellung gerade die Differenz $23 - 5 = 18 = (00010010)_2$:

```
  00010111
+ 11111011
─────────
 100010010
```

Beispiel 3.16. Multiplikation von zwei Binärzahlen: Auch die Multiplikation $23 \cdot 5 = 115$ erfolgt analog zum Schulverfahren für das Dezimalsystem. Es müssen also die Zahlen $1 \cdot 4 \cdot 23$, $0 \cdot 2 \cdot 23$ und $1 \cdot 1 \cdot 23$ addiert werden. Da im Binärsystem nur die Ziffern 1 und 0 existieren, kommt man zur Ermittlung der einzelnen Summanden sogar ohne Rechnungen aus. Multiplikation mit 1 entspricht dem Kopieren der Bits, Multiplikation mit 0 dem Löschen:

```
  000 10111 · 101
  ───────────────
       01011100
    + 00000000
    + 00010111
    ──────────
       01110011
```

3.10 Übungen

Übung 3.1.

1. Stellen Sie die Zahl 237 als Binärzahl dar.
2. Stellen Sie die Zahl 0.1 als Binärzahl dar.
3. Stellen Sie die Zahl 0.1 in normalisierter Gleitkommadarstellung dar.
4. Stellen Sie die Zahl 237.1 in IEEE-Standard mit 32 Bit dar.

Übung 3.2. Berechnen Sie den Logarithmus

$$\log_{12} 7.$$

Übung 3.3. Rechnen Sie

1. die Zahl $\left(\frac{1}{5}\right)_{10}$ auf die Basis $b = 7$ um und
2. die Zahl $\left(\frac{2}{5}\right)_{10}$ auf die Basis $b = 2$ um.

Übung 3.4. Stellen Sie die Zahl $x = 11.25$ in der normalisierten Gleitkommadarstellung IEEE mit 32 Bit dar, und zeigen Sie die Rückrechnung.

Übung 3.5. Die normalisierte Gleitkommadarstellung IEEE mit 32 Bit zeigt die Zahl

1 10000010 01101000000000000000000.

Berechnen Sie die dazugehörige Dezimalzahl.

Kapitel 4
Gruppen, Ringe und Körper

Inhalt

4.1	Einleitung	51
4.2	Gruppen	51
4.3	Ringe	52
4.4	Körper	53
4.5	Polynomring	54
4.6	Übungen	55

4.1 Einleitung

Die uns bekannten Zahlenmengen (wie die natürlichen Zahlen, ganzen Zahlen oder reellen Zahlen) sind mit Gruppen, Ringen und Körpern konstruiert. In Abschnitt 6.3 gehen wir kurz über die Eigenschaft der Relation auf die Konstruktion der ganzen Zahlen ein. In diesem Kapitel erklären wir, was Gruppen, Ringe und Körper sind.

4.2 Gruppen

Eine **Gruppe** $(M, \circ)$ besteht aus einer Menge M und einer Operation $\circ$, die je zwei Elemente von M miteinander verknüpft. Eine wichtige Anforderung ist die Abgeschlossenheit, das heißt, dass $a \circ b$ wieder in der Menge M enthalten sein muss. Nimmt man als Menge zum Beispiel die natürlichen Zahlen und als Operation die Addition, so ist $a + b$ wieder eine natürliche Zahl, wenn auch a und b dies sind. Das gilt auch für $a \cdot b$, sodass auch die Multiplikation von natürlichen Zahlen abgeschlossen ist.

Eine Gruppe soll aber weitere Anforderungen erfüllen (jeweils für alle $a, b, c \in M$):

- Kommutativgesetz: $a \circ b = b \circ a$
- Assoziativgesetz: $a \circ (b \circ c) = (a \circ b) \circ c$
- Existenz eines neutralen Elements: i, sodass $a \circ i = a$
- Existenz eines inversen Elements: a^{-1} mit $a \circ a^{-1} = i$

Die Addition der natürlichen Zahlen erfüllt offensichtlich die ersten zwei Bedingungen. Das neutrale Element muss aber die 0 sein, die eigentlich keine natürliche Zahl ist. Selbst wenn man diese hinzunimmt, gibt es für die weiteren Zahlen kein inverses Element, denn aus $a + a^{-1} = 0$ ist sofort ersichtlich, dass $a^{-1} = -a$ sein muss. Nimmt man aber die negativen Zahlen hinzu, so erhält man die ganzen Zahlen, für die dann alle vier Bedingungen erfüllt sind.

Beispiel 4.1. Die ganzen Zahlen bilden bezüglich der Addition eine Gruppe $(\mathbb{Z}, +)$. Offensichtlich ist die Summe $a + b$ von zwei ganzen Zahlen a und b wieder eine ganze Zahl. Kommutativ- und Assoziativgesetz gelten auch, so sind etwa $2 + 5 = 5 + 2$ oder $(-4 + 7) + 2 = -4 + (7 + 2)$. Das neutrale Element ist die 0, da $a + 0 = 0 + a = a$ für jede ganze Zahl $a \in \mathbb{Z}$ ist. Letztlich ist für jede ganze Zahl a das inverse Element durch $-a$ gegeben.

4.3 Ringe

Nun kann man ganze Zahlen auch multiplizieren, sodass diese mit zwei Operationen versehen sind: $(\mathbb{Z}, +, \cdot)$. Bezüglich der Addition bilden diese eine Gruppe, wie oben gesehen. Bezüglich der Multiplikation gelten auch Kommutativ- und Assoziativgesetz, und es ist offensichtlich die Zahl 1 das neutrale Element. Leider kann man aber etwa zu 2 kein inverses Element finden, denn die Zahl $\frac{1}{2}$ ist keine ganze Zahl.

Außerdem sind Addition und Multiplikation über die Distributivgesetze miteinander verträglich. Für alle a, b, c gilt:

4.4 Körper

$$a \cdot (b+c) = a \cdot b + a \cdot c$$
$$(a+b) \cdot c = a \cdot c + b \cdot c$$

Ganz allgemein ist ein **Ring** $(M, +, \cdot)$ eine Menge M mit den zwei Operationen Addition $+$ und Multiplikation $\cdot$, wobei die Menge bezüglich der Addition eine Gruppe bildet, für die Multiplikation die ersten drei Gruppeneigenschaften gelten und das Ausklammern über die Distributivgesetze erfolgt.

Beispiel 4.2. Die ganzen Zahlen $\mathbb{Z}$ sind abgeschlossen bezüglich der Multiplikation, denn für zwei ganze Zahlen a und b ist das Produkt $a \cdot b$ wieder eine ganze Zahl. Wie gesagt, ist die Zahl 1 das neutrale Element der Multiplikation, denn $a \cdot 1 = 1 \cdot a = a$ für jede ganze Zahl a. Außerdem gelten Kommutativ- und Assoziativgesetz, denn es sind etwa $5 \cdot (-7) = (-7) \cdot 5$ und $(2 \cdot 7) \cdot 3 = 2 \cdot (7 \cdot 3)$.

4.4 Körper

In einem **Körper** gilt nun auch noch bezüglich der zweiten Operation die vierte Gruppeneigenschaft. Ein Körper ist also ein Ring, in dem es zu jedem Element $\neq 0$ auch ein (eindeutig bestimmtes) multiplikativ Inverses gibt.

Beispiel 4.3. Die rationalen Zahlen $\mathbb{Q}$ bilden einen Körper. Kommutativ- und Assoziativgesetze der Addition und Multiplikation gelten analog zu den ganzen Zahlen. Neutrale Elemente sind weiterhin 0 bezüglich der Addition und 1 bezüglich der Multiplikation. Da jetzt auch die Brüche im Zahlbereich enthalten sind, besitzt jede rationale Zahl $a \neq 0$ mit $a^{-1} = \frac{1}{a}$ ein eindeutig bestimmtes inverses Element bezüglich der Multiplikation, denn $a \cdot \frac{1}{a} = \frac{1}{a} \cdot a = 1$.

Weitere wichtige Körper sind die reellen Zahlen $\mathbb{R}$ sowie die komplexen Zahlen $\mathbb{C}$.

4.5 Polynomring

Die bisherigen Beispiele behandelten ausschließlich die bekannten Zahlbereiche: natürliche, ganze oder rationale Zahlen. Weitere Körper sind die reellen Zahlen und die komplexen Zahlen. Auch andere Strukturen können einen Ring oder Körper bilden. So können zum Beispiel auch Polynome einen Ring bilden, die in den folgenden Kapiteln eingesetzt werden.

Ein Polynom $a(x) = a_0 + a_1 x + a_2 x^2 + \ldots + a_n x^n$ (siehe auch Abschnitt 5.6) ist die Summe von Potenzen x^i, $i = 0, \ldots, n$ einer Variable x, die jeweils noch mit einem Koeffizienten a_i multipliziert werden. Diese Koeffizienten sind Zahlen aus einem Ring oder Körper. Die Menge der Polynome mit diesen Koeffizienten wird als **Polynomring** bezeichnet. Oft sind die Koeffizienten reelle Zahlen. In unserer Anwendung zur Kontrollcodierung (Kapitel 8) wird aber auch mit Dualzahlen gerechnet.

Zwei Polynome kann man nun addieren, indem man die Koeffizienten jeder Potenz addiert:

$$a(x) + b(x) = (a_0 + a_1 x + a_2 x^2 + \ldots + a_n x^n) + \ldots$$
$$+ (b_0 + b_1 x + b_2 x^2 + \ldots + b_n x^n)$$
$$= (a_0 + b_0) + (a_1 + b_1) x + (a_2 + b_2) x^2 + \ldots + (a_n + b_n) x^n$$

Beispiel 4.4. Die Summe der zwei Polynome $a(x) = 2 + 5x + x^2$ und $b(x) = 3 + 2x$ ist

$$a(x) + b(x) = (2+3) + (5+2) x + (1+0) x^2$$
$$= 5 + 7x + x^2.$$

Die Multiplikation ist etwas komplizierter zu beschreiben. Hierzu muss man sehen, dass sich eine Potenz x^n auf verschiedene Weisen als Produkt zweier weiterer Potenzen schreiben lässt, nämlich für jedes mögliche $i = 0, \ldots, n$ als $x^i x^{n-i}$. So ist etwa $x^3 = x^0 x^3 = x^1 x^2 = x^2 x^1 = x^3 x^0$.

Beispiel 4.5. Multipliziert man die zwei Polynome $a(x) = 2 + 5x + x^2$ und $b(x) = 3 + 2x$, so ist

$$a(x) \cdot b(x) = 2 \cdot 3 + 2 \cdot 2x + 5x \cdot 3 + (5x) \cdot (2x) + x^2 \cdot 3 + x^2 \cdot (2x)$$
$$= 6 + (4+15) x + (10+3) x^2 + 2x^3$$
$$= 6 + 19x + 13x^2 + 2x^3.$$

Allgemein ergibt sich die Formel für die Multiplikation von $a(x) = a_0 + a_1 x + a_2 x^2 + \ldots + a_n x^n$ mit $b(x) = b_0 + b_1 x + b_2 x^2 + \ldots + b_m x^m$

$$a(x) \cdot b(x) = c_0 + c_1 x + c_2 x^2 + \ldots + c_{n+m} x^{n+m}$$

mit

$$c_t = a_0 b_t + a_1 b_{t-1} + a_2 b_{t-2} + a_t b_0 = \sum_{i=0}^{t} a_i b_{t-i} = \sum_{i+j=t} a_i b_j.$$

Diese Produktformel wird auch **Konvolution** oder **Faltung** genannt.

Da sich die entsprechenden Eigenschaften für die Komponenten übertragen, gelten die Addition und Multiplikation von Polynomen wieder für die Kommutativ-, Assoziativ- und Distributivgesetze. Die neutralen Elemente sind wieder die Zahlen $0 = 0 + 0x + 0x^2 + \ldots$ für die Addition und $1 = 1 + 0x + 0x^2 + \ldots$ für die Multiplikation. Das additiv inverse Element zum Polynom $a(x)$ ist $-a(x) = -a_0 - a_1 x - a_2 x^2 - \ldots - a_n x^n$.

Die Existenz einer multiplikativ Inversen ist nicht gesichert, sodass die Polynome in der Regel einen Ring, aber keinen Körper bilden.

Beispiel 4.6. Für Polynome mit reellen Zahlen als Koeffizienten ist schon für das Polynom x kein Inverses vorhanden, da $\frac{1}{x}$ kein Polynom ist.

In diesem Buch werden wir zwei weitere Ringe kennenlernen: den Restklassenring Z_n sowie den Polynomring mit Koeffizienten aus Restklassenringen. Für Anwendungen in Codierung und Kryptografie ist es oft wichtig, dass wirklich ein Körper vorliegt, also die multiplikativ inversen Elemente existieren. Dies ist im Restklassenring der Fall, wenn n eine Primzahl ist (deshalb sind Primzahlen in der Kryptografie so wichtig). Auch den Polynomring kann man zu einem Körper machen, wenn modulo irreduzibler Polynome gerechnet wird. Darauf können wir in diesem Buch nicht eingehen. Es sei aber hier erwähnt, dass endliche Körper mit 2^n Elementen über solche Polynomringe konstruiert werden.

4.6 Übungen

Übung 4.1. Bildet die Potenzmenge $\mathcal{P}(A)$, also die Teilmengen einer endlichen Menge A, eine Gruppe bezüglich der Operation $\cup$ (Vereinigung)?

Übung 4.2. Bildet die Menge der 2×2-Matrizen mit reellen Zahlen als Einträgen eine Gruppe bezüglich der Addition bzw. bezüglich der Multiplikation?

Übung 4.3. Ist die Menge der 2 × 2-Matrizen mit reellen Zahlen als Einträgen ein Ring?

Übung 4.4. Warum sind die irrationalen Zahlen kein Körper?

Übung 4.5. Zeigen Sie, dass die komplexen Zahlen $\mathbb{C} = \{a + bi : a, b \in \mathbb{R}, i = \sqrt{-1}\}$ einen Körper bilden.

Übung 4.6. Addieren und multiplizieren Sie die Polynome $a(x) = x^3 + 2x^2 + 7x + 4$ und $b(x) = 3x^2 + 5x + 1$.

Kapitel 5
Funktionen

Inhalt

5.1	Einleitung	57
5.2	Funktionen	57
5.3	Potenzfunktion	61
5.4	Exponential- und Logarithmusfunktion	64
5.5	Binomischer Satz	67
5.6	Polynome	70
5.7	Polynomdivision	72
5.8	Übungen	74

5.1 Einleitung

Eine Funktion dient zur Beschreibung der gegenseitigen Abhängigkeit mehrerer Faktoren. Sie ist eine Beziehung (auch Relation oder Abbildung genannt) zwischen zwei Mengen, die jedem Element der einen Mengen (x-Wert oder Argument) genau ein Element der anderen Menge (y-Wert oder Funktionswert) zuordnet:

$$f : X \to Y$$

5.2 Funktionen

Die Betrachtungsweise ist im Allgemeinen so festgelegt, dass man von den Elementen einer Menge $x \in X$ ausgeht und ihre Beziehung zu den Elementen der anderen Menge $y \in Y$ untersucht. Man bezeichnet hierbei die Menge

X als **Definitionsmenge** $D(f)$ oder **Urbildmenge** der **Abbildung** f und die Menge Y als **Wertebereich** $W(f)$ oder **Bildmenge**.

Beispiel 5.1. Das Hausnummernsystem stellt eine Abbildung dar. Die Menge X ist ein Haus in der Wertherstraße. Dies wird formal mit

$$X = \{x \mid x \text{ ist ein Haus in der Wertherstraße}\}$$

beschrieben. (Man liest: Die Menge X, für deren Elemente x gilt, x ist ein Haus in der Wertherstraße). Die Menge Y ist

$$Y = \{y \mid y \in \mathbb{N}\}.$$

Dann ist

$$f: X \to \mathbb{N}(\{\text{Häuser}\} \to \{\text{Nummer}\})$$

die formale Beschreibung für das Hausnummernsystem.

In Beispiel 5.1 handelt es sich um eine **eindeutige Abbildung**, da jedem Element aus dem Wertebereich mindestens ein Element aus dem Definitionsbereich zugeordnet ist. Eine solche Abbildung wird auch **surjektiv** bezeichnet. Eine Abbildung heißt **injektiv**, wenn verschiedenen Elementen des Definitionsbereichs unterschiedliche Elemente des Wertebereichs zugeordnet sind. Hierbei können Elemente aus dem Wertebereich ohne Urbild sein. Wenn beides vorliegt – also surjektiv und injektiv – dann wird die Abbildung **bijektiv** genannt. Eine solche Abbildung wird auch **eineindeutig** genannt (Abb. 5.1).

In vielen Fällen können Funktionen zwischen den Elementen $x \in D(f)$ und den Elementen y in Form einer Gleichung geschrieben werden:

$$y = f(x) \quad \text{für } x \in D(f)$$

Bei einer Funktion in Gleichungsform gehört zu jedem Element x des Definitionsbereichs $D(f)$ genau ein Element y des Wertebereichs $W(f)$. In dieser Schreibweise tritt auch deutlich die Abhängigkeit zwischen den veränderlichen Größen x und y hervor. Die Variable x kann innerhalb des Definitionsbereichs $D(f)$ beliebige Werte annehmen und wird deshalb als unabhängige Variable oder Argument bezeichnet. Hingegen ist mittels der Zuordnung $f(x)$ der Wert von y eindeutig festgelegt, sobald x gewählt wird. Aus diesem Grund heißt y die abhängige Variable.

Nicht jede Funktion kann als Gleichung geschrieben werden, und nicht jede Gleichung ist eine Funktion! So können empirische Beobachtungen nur in Form einer Wertetabelle angegeben werden. Es handelt sich dann um eine diskrete Funktion, die nur punktweise definiert ist. Hingegen ist die

5.2 Funktionen

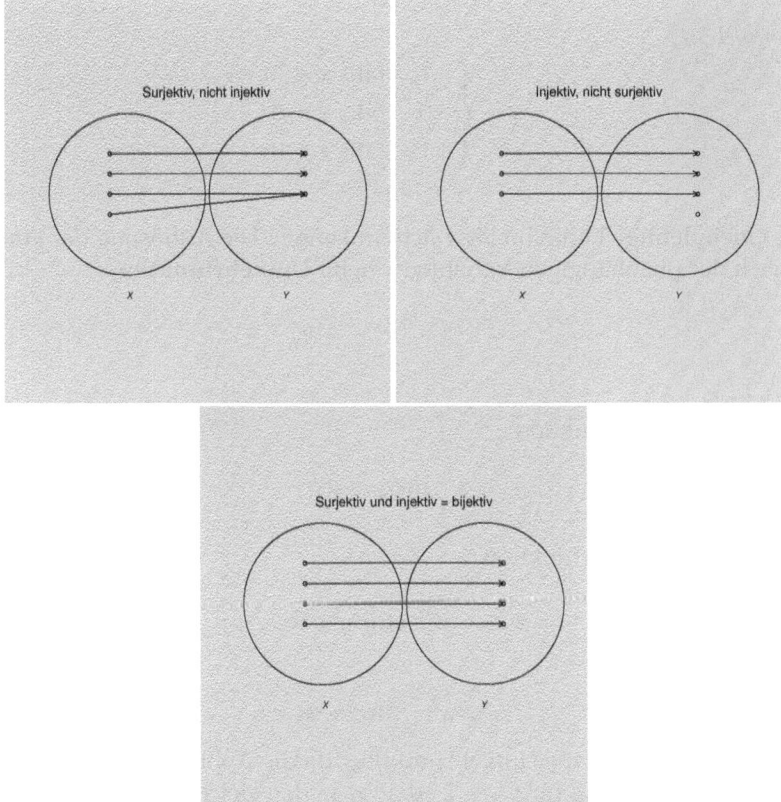

Abb. 5.1: Surjektive, injektive und bijektive Abbildung

Gleichung für den Einheitskreis $1 = x^2 + y^2$ keine Funktion, da sie bis auf die Randpunkte jedem Wert von x zwei Werte von y zuordnet.

Eine Funktion kann auch in verschiedene Intervalle ihres Definitionsbereichs durch unterschiedliche Funktionszweige beschrieben werden. Dann hat die Funktion folgende Form:

$$y = \begin{cases} f(x) & \text{für } x \in D(f) \\ g(x) & \text{für } x \in D(g) \\ h(x) & \text{für } x \in D(h) \end{cases}$$

Die Teildefinitionsbereiche müssen dabei disjunkt (nicht überschneidend) sein.

Beispiel 5.2.
$$y = \begin{cases} -1, & \text{falls } x < 0 \\ 0, & \text{falls } x = 0 \\ +1, & \text{falls } x > 0 \end{cases}$$

Eine eineindeutige Funktion lässt sich umkehren. Die Auflösung der Funktion nach der unabhängigen Variablen x heißt **Umkehrfunktion**:

$$x = f^{-1}(y) = g(y)$$

Beispiel 5.3. Die Funktion

$$y = x^2 \quad \text{für } x \in \mathbb{R}^+$$

besitzt die Umkehrfunktion

$$x = +\sqrt{y} \quad \text{für } y \in \mathbb{R}^+.$$

Die Funktion

$$y = x^2 \quad \text{für } x \in \mathbb{R}$$

besitzt hingegen keine Umkehrfunktion, da die Abbildung nur eindeutig ist. Für $x = 2$ und für $x = -2$ erhält man den gleichen Funktionswert.

Man beachte, dass der Definitionsbereich (Wertebereich) einer Umkehrfunktion gleich dem Wertebereich (Definitionsbereich) der Ausgangsfunktion ist. Daher kann eine Umkehrfunktion nur für eineindeutige Funktionen existieren.

Es werden im Folgenden einige spezielle reelle Funktionen beschrieben.

Die **Betragsfunktion** liefert von einer reellen Zahl deren vorzeichenlosen Zahlenwert:

$$|x| = \begin{cases} x & \text{für } x \geq 0 \\ -x & \text{für } x < 0 \end{cases}$$

Anschaulich kann der Betrag $|x|$ als der Abstand auf der Zahlengeraden zwischen 0 und x interpretiert werden. Beim Rechnen mit Beträgen ist Folgendes zu beachten. Für $|x| \geq 0$ gilt:

$$|x \cdot y| = |x| \cdot |y|$$
$$\left|\frac{x}{y}\right| = \frac{|x|}{|y|} \quad \text{für } y \neq 0$$

$$|x \pm y| \leq |x| + |y| \quad \text{Dreiecksungleichung}$$

Die **Gauß-Klammer** $\lfloor x \rfloor$ wird auch als **Ganzzahlfunktion** bezeichnet. Sie rundet eine reelle Zahl x zur nächsten ganzen Zahl. Daher wird sie manchmal auch **Abrundungsfunktion** genannt:

$$\lfloor x \rfloor = \max_k \{k \mid k \leq x\} \quad \text{mit } k \in \mathbb{Z}$$

Beispiel 5.4. Die Zahl 2.8 wird durch $\lfloor 2.8 \rfloor$ auf 2 abgerundet:

$$\lfloor 2.8 \rfloor = 2$$

Die Zahl -2.8 wird durch die Abrundungsfunktion auf -3 abgerundet, weil $-3 < -2.8 < -2$ gilt:

$$\lfloor -2.8 \rfloor = -3$$

Jedoch benötigt man manchmal auch die Aufrundung einer reellen Zahl auf die nächste ganze Zahl. Man schreibt dann in Anlehnung an die Abrundungsfunktion die **Aufrundungsfunktion** wie folgt:

$$\lceil x \rceil = \min_k \{k \mid k \geq x\} \quad \text{mit } k \in \mathbb{Z}$$

Beispiel 5.5. Die Zahl 2.8 wird durch die Aufrundungsfunktion $\lceil 2.8 \rceil$ auf 3 aufgerundet:

$$\lceil 2.8 \rceil = 3$$

Die Zahl -2.8 wird dementsprechend aufgerundet auf -2:

$$\lceil -2.8 \rceil = -2$$

5.3 Potenzfunktion

Eine Potenzfunktion ist

$$f(x) = x^n \quad \text{mit } x, n \in \mathbb{R}.$$

Die Variable x wird **Basis** genannt, und die Zahl n wird als **Exponent** bezeichnet. Der Gesamtausdruck heißt **Potenz** x hoch n.

Beispiel 5.6.

$$-(3^4) = -81, \quad \text{aber} \quad (-3)^4 = 81$$
$$(4 \cdot 5)^3 = 20^3 = 8000, \quad \text{aber} \quad 4 \cdot 5^3 = 4 \cdot 125 = 500$$
$$\left(\frac{1}{2}\right)^3 = \frac{1}{2^3} = \frac{1}{8}$$

Für den Umgang mit Potenzen gelten folgende Rechenregeln:

Regel	Beispiel
$x^{-n} = \dfrac{1}{x^n}$ mit $x \neq 0$	$2^{-2} = \dfrac{1}{2^2}$
$x^0 = 1$ mit $a \neq 0$	$2^0 = 1$
$x^m \cdot x^n = x^{m+n}$	$2^3 \cdot 2^2 = 2^5$
$\dfrac{x^m}{x^n} = x^{m-n}$	$\dfrac{2^3}{2^2} = 2$
$(x \cdot b)^n = x^n b^n$	$(2 \cdot 3)^2 = 2^2 \cdot 3^2 = 36$
$\left(\dfrac{x}{y}\right)^n = \dfrac{x^n}{y^n}$	$\left(\dfrac{6}{3}\right)^2 = \dfrac{6^2}{3^2} = 4$
$(x^m)^n = x^{m \cdot n}$	$\left(2^3\right)^2 = 2^6 = 64$

Beispiel 5.7. Zur Lösung der folgenden Gleichung wird auf beiden Seiten mit der Potenz $\frac{1}{2}$ erweitert:

$$x^2 = 2 \Rightarrow \left(x^2\right)^{\frac{1}{2}} = 2^{\frac{1}{2}} \Rightarrow x = 2^{0.5}$$

Der gesuchte Wert ergibt sich in Form einer Potenz mit der Basis 2 und dem Exponenten $\frac{1}{2}$. Weil diese Gleichungen häufig auftreten, wird die Lösung als Quadratwurzel bezeichnet und als

$$x = \sqrt[2]{2} = \sqrt{2} = 2^{0.5}$$

geschrieben. Bei der Quadratwurzel entfällt häufig der Wurzelexponent.

5.3 Potenzfunktion

Die Wurzel von einer negativen Zahl x ist in den reellen Zahlen nicht definiert. Um solche Funktionen zu berechnen, sind imaginäre Zahlen nötig, die zusammen mit den reellen die komplexen Zahlen ergeben.

Beispiel 5.8.

$$\sqrt{-16} \text{ ist nicht in } \mathbb{R} \text{ definiert, aber } -\sqrt{16} = -4.$$

Daher heißt es etwas allgemeiner: Die nichtnegative Lösung x von $f(x) = x^2$ mit $f(x) \in \mathbb{R}^+$ heißt **Quadratwurzel**:

$$f(x) = \sqrt{x^2} = |x| \quad \text{für } x \in \mathbb{R}$$

Sucht man die Lösung für eine Potenz größer als 2, so spricht man von der n-ten Wurzel:

$$y = x^n \quad \text{mit } x \in \mathbb{R}^+, n \in \mathbb{R}, n \neq 0 \quad \Rightarrow \quad x = y^{\frac{1}{n}} = \sqrt[n]{y}$$

Nun kann man auch folgende Gleichung lösen:

$$y^m = x^n \quad \text{mit } x \in \mathbb{R}^+, m, n \in \mathbb{R}, n \neq 0 \quad \Rightarrow \quad x = y^{\frac{m}{n}} = \sqrt[n]{y^m}$$

Das Wurzelziehen ist also die Umkehroperation zum Potenzieren. Zieht man die n-te Wurzel und potenziert hoch n, dann gelangt man wieder zur Ausgangszahl.

Beispiel 5.9.

$$\sqrt[3]{8^3} = 8$$

Mit der Wurzel lassen sich reelle Zahlen darstellen, die nicht ausgeschrieben werden können, wie zum Beispiel $\sqrt{2}$.

Beispiel 5.10.

$$\sqrt[4]{4} = \sqrt[4]{2^2} = 2^{\frac{2}{4}} = 2^{\frac{1}{2}} = \sqrt{2} = 1.41421\ldots$$

Aus den obigen Regeln zur Potenzrechnung ergibt sich nun auch die folgende Regel:

$$(x^m)^{\frac{1}{n}} = x^{\frac{m}{n}}$$

Beispiel 5.11.

$$\sqrt[4]{256} \cdot \sqrt{256} = 256^{\frac{1}{4}} \cdot 256^{\frac{1}{2}} = 256^{\frac{3}{4}} = \left(\sqrt[4]{256}\right)^3 = 4^3 = 64$$

$$\frac{\sqrt[3]{8^4}}{\sqrt[3]{8^5}} = \frac{8^{\frac{4}{3}}}{8^{\frac{5}{3}}} = 8^{\frac{4}{3}-\frac{5}{3}} = 8^{-\frac{1}{3}} = \frac{1}{8^{\frac{1}{3}}} = \frac{1}{\sqrt[3]{8}} = \frac{1}{2}$$

$$\sqrt{4} \cdot \sqrt{9} = 4^{0.5} \cdot 9^{0.5} = (4 \cdot 9)^{0.5} = 36^{0.5} = \sqrt{36} = 6$$

$$\frac{\sqrt{100}}{\sqrt{25}} = \frac{100^{\frac{1}{2}}}{25^{\frac{1}{2}}} = \left(\frac{100}{25}\right)^{\frac{1}{2}} = 4^{\frac{1}{2}} = \sqrt{4} = 2$$

$$\sqrt{\sqrt[4]{256}} = \left(256^{0.25}\right)^{0.5} = 256^{0.25 \cdot 0.5} = 256^{0.125} = \sqrt[8]{256} = 2$$

5.4 Exponential- und Logarithmusfunktion

Die Exponentialfunktion ist eine wichtige mathematische Funktion, um Wachstumsprozesse zu beschreiben. Eine **Exponentialfunktion** ist

$$f(x) = c a^{bx} \quad \text{mit } a,b,c,x \in \mathbb{R},$$

wobei a,b und c Koeffizienten sind. Mit den Koeffizienten b und c verändert sich die Kurvenform der Exponentialfunktion.

Beispiel 5.12. Eine Maschine kostet 1 000 €. Es wird angenommen, dass sie jedes Jahr 20% an Wert verliert (Tab. 5.1). Diese Form des Wertverlusts wird als geometrisch degressive Abschreibung bezeichnet.

Tabelle 5.1: Geometrische-degressive Abschreibung

	\multicolumn{6}{c}{Jahr}
	0	1	2	3	4	5
Wert	1000	800	640	512	409.60	327.68

Der Wertverlust der Maschine kann auch mit der Exponentialfunktion beschrieben werden:

$$f(x) = 1000 \cdot 0.8^x = 1000 \cdot 1.25^{-x}$$

5.4 Exponential- und Logarithmusfunktion

Nach fünf Jahren liegt der Restwert der Maschine bei

$$f(5) = 1000 \cdot 1.25^{-5} = 327.68 \, €.$$

Da stets 80% des Restwerts bestehen bleiben, wird die Maschine nie einen Restwert von null besitzen.

Der Funktionswert $f(x)$ ändert sich, sobald sich die Variable x ändert. Betrachten wir nun eine Änderung der Variablen x um s, also einen neuen Wert $x + s$. Wie verhält sich der Funktionswert $f(x + s)$?

$$f(x+s) = c a^{b(x+s)}$$

Da

$$c a^{b(x+s)} = c a^{bx} a^{bs}$$

ist, entsteht daraus

$$f(x+s) = f(x) a^{bs},$$

d. h., wächst die Variable x additiv um s, so ändert sich der Funktionswert multiplikativ um a^{bs}.

Wird für die Basis a die **Euler'sche Zahl** e verwendet, dann spricht man von der Exponentialfunktion im engeren Sinn. Die Zahl e ist der Grenzwert der folgenden Funktion:

$$e = \lim_{n \to \infty} \left(1 + \frac{1}{n}\right)^n = 2.718282\ldots$$

Beispiel 5.13. Es wird ein fester Zeitraum, z. B. ein Jahr, betrachtet. Dieser wird in unendlich viele ($n \to \infty$) unendliche kleine ($\frac{1}{n} \to 0$) Zeitabschnitte unterteilt. Wird nun ein Anfangswert von z. B. $k_0 = 1$ angenommen und für diesen ein Wachstum von $\frac{1}{n}$ für jeden Zeitabschnitt, dann entsteht folgender Wachstumsprozess:

$$k_0 = 1 \quad k_1 = k_0 \left(1 + \frac{1}{1}\right) \quad k_2 = k_0 \left(1 + \frac{1}{2}\right)^2 \quad \ldots \quad k_n = k_0 \left(1 + \frac{1}{n}\right)^n$$

Für $n \to \infty$ strebt k gegen $e = 2.718282\ldots$

Logarithmen sind zum Lösen von Exponentialgleichungen oder zum Beschreiben von Wachstumsprozessen wichtig. Die **Logarithmusfunktion** ist die Umkehrung des Potenzierens:

$$y = a^x \quad \Leftrightarrow \quad x = \log_a y \quad \text{mit } a, y \in \mathbb{R}^+ \text{ und } a \neq 1$$

Der Logarithmus einer beliebigen positiven Zahl y zur Basis a ist derjenige Exponent x, mit dem die Basis a potenziert werden muss, um den Numerus y zu erhalten.

Beispiel 5.14.

$$8 = 2^3 \quad \Leftrightarrow \quad \log_2 8 = 3$$

Aus der Gleichung $y = a^x$ folgt:

$$\log_a 1 = 0, \quad \text{denn} \quad a^0 = 1$$
$$\log_a a = 1, \quad \text{denn} \quad a^1 = a$$
$$\log_a a^n = n, \quad \text{denn} \quad a^n = a^n$$

Beispiel 5.15. Die Zahlen von 1 bis 9 werden im zehner Logarithmus in den Zahlenbereich 0 bis 1 abgebildet. Die Zahlen 10 bis 99 werden in dem Bereich 1 bis 2 dargestellt usw:

$$1 = 10^0 \quad \Leftrightarrow \quad \log_{10} 1 = 0$$
$$10 = 10^1 \quad \Leftrightarrow \quad \log_{10} 10 = 1$$
$$100 = 10^2 \quad \Leftrightarrow \quad \log_{10} 100 = 2$$
$$1000 = 10^3 \quad \Leftrightarrow \quad \log_{10} 1000 = 3$$

Weitere Rechenregeln sind:

$$\log_a(c \cdot d) = \log_a c + \log_a d$$
$$\log_a \frac{c}{d} = \log_a c - \log_a d$$
$$\log_a b^n = n \log_a b$$
$$\log_a \sqrt[n]{b} = \frac{1}{n} \log_a b$$

Logarithmen mit gleicher Basis bilden ein Logarithmensystem, von denen die beiden gebräuchlichsten die dekadischen (Basis $a = 10$, oft mit log bezeichnet) und die natürlichen Logarithmen (mit der Euler'schen Zahl $a = e$ als Basis mit der Bezeichnung ln) sind. Es gilt:

$$x = \log_a y = \frac{\log y}{\log a} = \frac{\ln y}{\ln a}$$

5.5 Binomischer Satz

Der Auflösung von
$$(a+b)^n$$
wird als **binomischer Satz** bezeichnet. Für $n = 2$ gilt die bekannte Formel
$$(a+b)^2 = a^2 + 2ab + b^2.$$
Nun kann für $n > 2$ eine allgemeine Formel für die Auflösung der Gleichung $(a+b)^n$ angegeben werden. Für die allgemeine Form wird der **Binomialkoeffizient** $\binom{n}{m}$ benötigt. Man liest: „n über m."

$$\binom{n}{m} = \frac{n!}{m!(n-m)!} \quad \text{mit } m \leq n \in \mathbb{Z}^+$$

Beispiel 5.16.

$$\binom{5}{3} = \frac{5!}{3!\,2!} = 10$$
$$\binom{6}{2} = \frac{6!}{2!\,4!} = 15$$

Das Produkt
$$\prod_{i=1}^{n} i = n! \quad \text{mit } n \in \mathbb{N}$$
wird als **Fakultät** bezeichnet. Es gilt $0! = 1$.

Beispiel 5.17.
$$5! = 1 \cdot 2 \cdot 3 \cdot 4 \cdot 5 = 3! \cdot 4 \cdot 5 = 120$$

Die Binomialkoeffizienten sind auch aus dem **Pascal'schen Dreieck** zu bestimmen (Tab. 5.2).

Tabelle 5.2: Pascal'sche Dreieck

n	0	1	2	3	4	5	6	...	2^n
				m					
0	1								2^0
1	1	1							2^1
2	1	2	1						2^2
3	1	3	3	1					2^3
4	1	4	6	4	1				2^4
5	1	5	10	10	5	1			2^5
6	1	6	15	20	15	6	1		2^6
⋮									

Beispiel 5.18. Für $n = 0$ existiert die Möglichkeit, weder a noch b auszuwählen:
$$(a+b)^0 = 1$$
Für $n = 1$ existiert die Möglichkeit, a oder b auszuwählen:
$$(a+b)^1 = \binom{1}{0} a b^0 + \binom{1}{1} a^0 b$$
Für $n = 2$ existieren die Möglichkeiten $\{a,a\}$, zweimal $\{a,b\}$ oder $\{b,b\}$ auszuwählen:
$$(a+b)^2 = \binom{2}{0} a^2 b^0 + \binom{2}{1} a b + \binom{2}{2} a^0 b^2 = a^2 + 2ab + b^2$$
Für $n = 3$ können die Kombinationen $\{a,a,a\}$, dreimal $\{a,a,b\}$ (nämlich $\{a,a,b\}$, $\{a,b,a\}$, $\{b,a,a\}$), dreimal $\{a,b,b\}$ und $\{b,b,b\}$ auftreten:
$$(a+b)^3 = \binom{3}{0} a^3 b^0 + \binom{3}{1} a^2 b + \binom{3}{2} a b^2 + \binom{3}{3} a^0 b^3$$
$$= a^3 + 3a^2 b + 3ab^2 + b^3$$

Für $n = 0, 1, 2, \ldots$ kann man $(a+b)^n$ eine allgemeine Formel angeben:

5.5 Binomischer Satz

$$(a+b)^n = \binom{n}{0}a^n b^0 + \binom{n}{1}a^{n-1}b^1 + \binom{n}{2}a^{n-2}b^2 + \ldots$$
$$+ \binom{n}{n-1}a^1 b^{n-1} + \binom{n}{n}a^0 b^n \quad a,b \in \mathbb{R}, n \in \mathbb{N}$$
$$= \sum_{m=0}^{n} \binom{n}{m} a^{n-m} b^m$$

Der Binomialkoeffizient $\binom{n}{m}$ gibt die Anzahl der Kombinationen von a und b an, die auftreten, wenn die Elemente a und b n-mal ausgewählt werden können.

Die Summe der n-ten Zeile in Tab. 5.2 ist die Anzahl aller Kombinationen:

$$\sum_{m=0}^{n} \binom{n}{m} = 2^n$$

Das Ergebnis stellt sich ein, wenn man in der Gleichung $(a+b)^n$ für $a=b=1$ setzt.

Nun kann die **Euler'sche Zahl** mit dem Binomialkoeffizienten relativ einfach näherungsweise berechnet werden. Dazu ersetzt man im ersten Schritt in der Gleichung $(a+b)^n$ a und b wie folgt:

$$(a+b)^n = (1+x)^n$$

Mittels des binomischen Satzes kann nun eine explizite Form angegeben werden:

$$(1+x)^n = 1 + \binom{n}{1}x + \binom{n}{2}x^2 + \ldots + \binom{n}{n}x^n$$
$$= \sum_{m=0}^{n} \binom{n}{m} x^m$$

Im zweiten Schritt wird x durch $\frac{1}{n}$ ersetzt:

$$\left(1+\frac{1}{n}\right)^n = \sum_{m=0}^{n} \binom{n}{m} \frac{1}{n^m}$$

Wird nun der Grenzwert $n \to \infty$ betrachtet, so vereinfacht sich die Summe zu:

$$e = \lim_{n \to \infty} \left(1 + \frac{1}{n}\right)^n$$
$$= \lim_{n \to \infty} \frac{n!}{0!\,n!} + \frac{n!}{1!\,(n-1)!\,n} + \frac{n!}{2!\,(n-2)!\,n^2} + \frac{n!}{3!\,(n-3)!\,n^3} + \ldots$$
$$= \lim_{n \to \infty} 1 + \frac{1}{1!} + \frac{1}{2!}\frac{n-1}{n} + \frac{1}{3!}\frac{(n-2)(n-1)}{n^2} + \ldots$$
$$= 1 + \frac{1}{1!} + \frac{1}{2!} + \frac{1}{3!} + \ldots$$

Für $n = 7$ errechnet sich schon eine Zahl von $2.718254\ldots$

Der Binomialkoeffizient lässt sich auch auf reelle Zahlen durch die Definition

$$\binom{r}{m} = \frac{r(r-1)(r-2)\cdots(r-m+1)}{m!} \quad \text{für } r \in \mathbb{R}, m \in \mathbb{N}$$

erweitern.

Damit kann ebenfalls der binomische Lehrsatz verallgemeinert werden zu

$$(1+x)^r = \sum_{m=0}^{\infty} \binom{r}{m} x^m.$$

Diese Identität werden wir später bei der Herleitung der Catalan-Zahlen einmal benutzen.

5.6 Polynome

Besteht die Funktion nur aus der Summe der Potenzfunktionen mit natürlichen Exponenten, dann spricht man von einer ganzrationalen Funktion. Besteht die rationale Funktion aus einem Verhältnis zweier ganzrationaler Funktionen, dann wird die Funktion als gebrochenrationale Funktion bezeichnet.

Die **rationale Funktion** wird auch als als **Polynom** bezeichnet.

Ein Polynom n-ten Grades ist eine Funktion der Gestalt

$$p_n(x) = a_0 + a_1 x + \ldots + a_n x^n$$
$$= \sum_{i=0}^{n} a_i x^i \quad \text{für } a_i, x \in \mathbb{R} \text{ und } a_n \neq 0.$$

5.6 Polynome

Die Größen a_i werden Koeffizienten genannt und sind gegebene konstante Größen. Rationale Funktionen sind für jeden Wert von x definiert und stetig.

Beispiel 5.19.

$p_1(x) = a_0 + a_1 x$ Polynom 1. Grades: lineare Funktion

$p_2(x) = a_0 + a_1 x + a_2 x^2$ Polynom 2. Grades: Parabelfunktion

Für die **Nullstelle** einer Funktion gilt:

$$p(x) \stackrel{!}{=} 0$$

Das Zeichen $\stackrel{!}{=}$ bedeutet, dass für die Funktion $p(x)$ das Argument x gesucht wird, für das der Funktionswert $p(x) = 0$ gilt.

Beispiel 5.20. Die Nullstelle des Polynoms 1. Grades wird durch folgenden Ansatz bestimmt:

$$p_1(x) = a_0 + a_1 x \stackrel{!}{=} 0$$

Die Lösung ist durch Auflösen der Gleichung leicht zu finden:

$$x_1 = -\frac{a_0}{a_1}$$

Beispiel 5.21. Nullstellenbestimmung für ein Polynom 2. Grades (Parabelfunktion). Für die Funktion

$$p_2(x) = -3 - 2x + x^2 \quad \text{für } x \in \mathbb{R}$$

sollen die Nullstellen gesucht werden. Hierzu wird die **quadratische Ergänzung** verwendet. Die Normalform einer quadratischen Gleichung ist

$$x^2 + px + q \stackrel{!}{=} 0.$$

Es werden folgende Umformungen vorgenommen, damit die Gleichung nach x aufgelöst werden kann:

$$x^2 + px = -q \quad \Leftrightarrow \quad x^2 + px + \left(\frac{p}{2}\right)^2 = \left(\frac{p}{2}\right)^2 - q$$

$$\left(x + \frac{p}{2}\right)^2 = \left(\frac{p}{2}\right)^2 - q \quad \Leftrightarrow \quad x + \frac{p}{2} = \pm\sqrt{\left(\frac{p}{2}\right)^2 - q}$$

$$x_{1,2} = -\frac{p}{2} \pm \sqrt{\left(\frac{p}{2}\right)^2 - q}$$

Die Nullstellen der Funktion sind somit leicht zu bestimmen:

$$x_{1,2} = 1 \pm \sqrt{1+3} \quad \Rightarrow \quad x_1 = 3, \quad x_2 = -1$$

Wie viele Nullstellen gibt es für ein Polynom n-ten Grades? Der **Hauptsatz der Algebra** von Gauß gibt die Antwort:

> Die Anzahl der Nullstellen eines Polynoms n-ten Grades $p_n(x)$ besitzt genau n Nullstellen, die jedoch nicht reell zu sein brauchen und von denen einzelne mehrfach vorkommen können.

Ein Polynom ungeraden Grades besitzt immer mindestens eine reelle Nullstelle, was darauf zurückzuführen ist, dass die Funktionswerte dann für $x \to \infty$ (positive Werte) nach $p_n \to +\infty$ streben und für $x \to -\infty$ (negative Werte) nach $p_n \to -\infty$ streben.

Da ein Polynom eine stetige Funktion ist, muss es also mindestens einen Punkt geben, der den Funktionswert null hat. Dies kann man leicht an einem Polynom 1. Grades überprüfen. Für ein Polynom geraden Grades ist eine derartige Aussage nicht möglich, sodass man nur folgern kann: Ein Polynom n-ten Grades bei geradem n besitzt höchstens n reelle Nullstellen. Nullstellen von Polynomen ab dem 3. Grad werden in der Regel mit einem numerischen Näherungsverfahren berechnet [8, Abschnitte 8.2, 10.7].

5.7 Polynomdivision

Ist für ein Polynom $p_n(x)$ die Nullstelle x_1 bekannt, so ist $p_n(x)$ darstellbar als

$$p_n(x) = p_{n-1}(x)(x - x_1).$$

Das Restpolynom $p_{n-1}(x)$ besitzt dann einen um eins niedrigeren Grad und wird durch **Partialdivision** bestimmt. Die Division erfolgt nach den normalen Divisionsregeln

$$p_{n-1}(x) = \frac{p_n(x)}{(x - x_1)}.$$

5.7 Polynomdivision

Beispiel 5.22. Für das Polynom

$$p_3(x) = 2.01 - 1.66x - 2.67x^2 + x^3 \quad \text{für } x \in \mathbb{R}$$

ist die Nullstelle $x_1 = 0.67$ bekannt. Das Polynom besitzt noch zwei weitere Nullstellen. Wenn man nun das Restpolynom $p_2(x)$ bestimmt, dann können die beiden restlichen Nullstellen mit der quadratischen Ergänzung berechnet werden.
Im ersten Schritt wird der Divisor (Nenner) mit x^2 multipliziert, damit x^3 durch die Division entfällt. Der Rest wird per Subtraktion gebildet: $-2x^2$. Für diesen Rest wird wieder der Faktor gesucht, sodass die Variable $-2x^2$ durch die Division entfällt: $(-2x)$. Die Rechnung wird fortgesetzt, bis ein Rest von null oder ein nicht ganzteiliger Rest vorhanden ist. Die Division

$$\begin{array}{l}
(x^3 - 2.67x^2 - 1.66x + 2.01) \div (x - 0.67) = x^2 - 2x - 3 \\
\underline{-(x^3 - 0.67x^2)} \\
 -2x^2 - 1.66x \\
 \underline{(2x^2 + 1.34x)} \\
 -3x + 2.01 \\
 \underline{-(-3x + 2.01)} \\
 0
\end{array}$$

ergibt das Restpolynom

$$p_2(x) = -3 - 2x + x^2$$

aus Beispiel 5.21. $x_1 = 0.67$ ist eine Nullstelle des Polynoms, da die Division ohne Rest erfolgt. Das Polynom besitzt also folgende äquivalente Darstellung:

$$p_3(x) = (x - 0.67)(x - 3)(x + 1),$$

aus der die drei Nullstellen sofort ablesbar sind.

Bezeichnet man mit $x_1, x_2, \ldots, x_n$ die Nullstellen der Polynomfunktion, so ergibt sich durch die wiederholte Polynomdivision (Partialdivision) die **Linearfaktorzerlegung** von $p_n(x)$:

$$p_n(x) = a_n (x - x_1)(x - x_2) \cdots (x - x_n)$$

5.8 Übungen

Übung 5.1. Lösen Sie die folgenden Gleichungen nach x auf:

$$\sqrt[4]{b^{x-a}} = \sqrt[5]{b^{x+a}} \qquad 2^{x+1} = \frac{3^{2x}}{5}$$

Übung 5.2. Lösen Sie die folgenden Gleichungen nach x auf:

$$y = e^{a+bx} \qquad e^{-ax} = 0.5$$

Übung 5.3. Berechnen Sie die Linearfaktorzerlegung des Polynoms:

$$p_3(x) = x^3 - 2x^2 - 5x + 6$$

Kapitel 6
Relationen

Inhalt

6.1	Einleitung	75
6.2	Relationen	75
6.3	Äquivalenzrelationen	80
6.4	Übungen	85

6.1 Einleitung

Will man verschiedene Mengen miteinander vergleichen, dann benötigt man eine Beziehung zwischen diesen. Eine einzelne Menge ist ohne Struktur, solange die einzelnen Elemente völlig beziehungslos zueinander sind. Hat man aber eine Beziehung (Relation), so entsteht aus dem Chaos eine Struktur. Die Untersuchung der Eigenschaften dieser Beziehungen ist eine der Hauptaufgaben der Mathematik.

Relationen und relationale Algebra stellen die Grundlagen moderner Datenbanken dar.

6.2 Relationen

Eine binäre Relation ist eine Beziehung zwischen zwei Dingen.

© Springer-Verlag GmbH Deutschland, ein Teil von Springer Nature 2019
W. Kohn und U. Tamm, *Mathematik für Wirtschaftsinformatiker*,
https://doi.org/10.1007/978-3-662-59468-1_6

Beispiel 6.1. Zwei Menschen können verwandt sein oder nicht. Ein Auto kann länger sein als ein anderes. Zwei Mengen können identisch sein oder nicht.

Eine **binäre Relation** zwischen zwei Mengen A und B ist eine Teilmenge $R \subset A \cdot B$. Im Fall $A = B$ sprechen wir von einer Relation in A.

Beispiel 6.2. Zwischen den Mengen

$$A = \{a,b,c\} \quad \text{und} \quad B = \{1,2,3,4\}$$

soll folgende Relation bestehen:

$$R = \{(a,1),(c,1),(b,2),(b,3),(c,3),(a,4)\}$$

Die Relation ist eine Teilmenge von

$$R \subseteq \{a,b,c\} \cdot \{1,2,3,4\}.$$

Die Relation kann auf verschiedene Weisen dargestellt werden: in Tabellen, Matrizen oder Diagrammen.

$x \in A$	$y \in B$
a	1
c	1
b	2
b	3
c	3
a	4

	1	2	3	4
a	1	0	0	1
b	0	1	1	0
c	1	0	1	0

Eine Relation R ist also eine Menge geordneter Paare. Schreibweise: Statt $(a,b) \in R$ schreibt man oft $a \sim_R b$ oder $a \, R \, b$. Gilt $a \sim_R b$ nicht, so schreibt man $a \nsim_R b$ oder $\neg(a \sim_R b)$.

Relationen können bestimmte Eigenschaften besitzen: auf sich selbst beziehend (reflexiv), auf Gegenseitigkeit beruhend (symmetrisch, anti-symmetrisch, asymmetrisch) und ineinander greifend (transitiv).

- Eine binäre Relation $R \subset A \cdot A$ heißt **reflexiv**, wenn $a \sim_R a$ gilt (Abb. 6.1).

6.2 Relationen

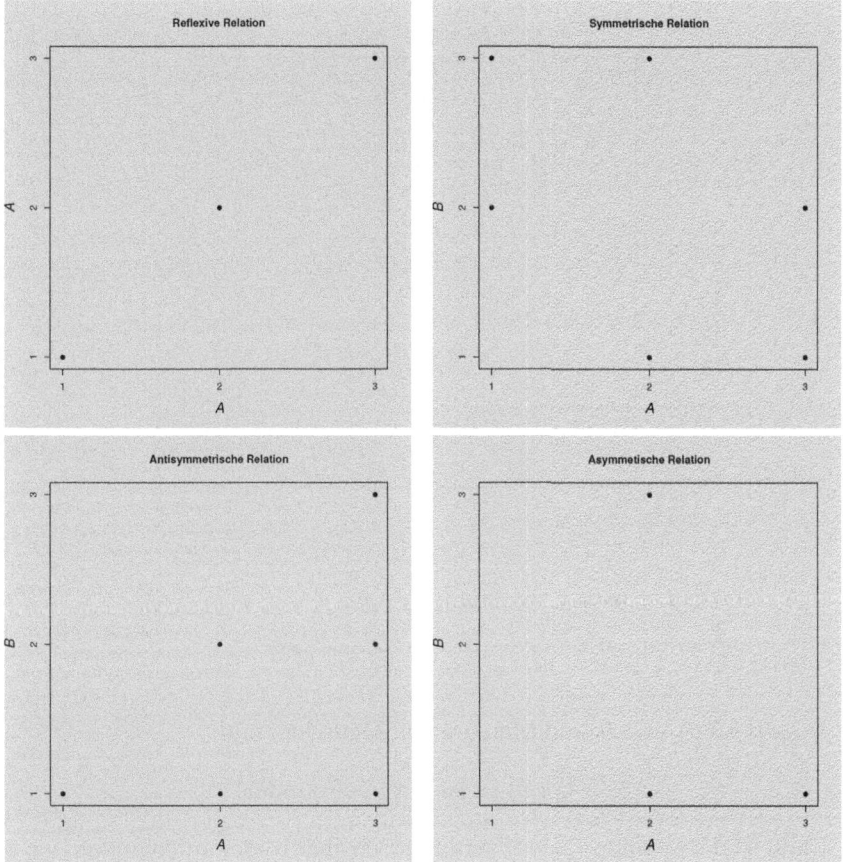

Abb. 6.1: Reflexive, symmetrische, Antisymmetrische und asymmetrische Relation

- Eine binäre Relation $R \subset A \cdot B$ heißt **symmetrisch**, wenn aus $a \sim_R b$ stets $b \sim_R a$ folgt (Abb. 6.1).

- Eine binäre Relation $R \subset A \cdot B$ heißt **antisymmetrisch**, wenn aus $a \sim_R b$ und $b \sim_R a$ stets $a = b$ folgt (Abb. 6.1).

- Eine binäre Relation $R \subset A \cdot B$ heißt **asymmetrisch**, wenn aus $a \sim_R b$ stets $b \not\sim_R a$ folgt (Abb. 6.1).

- Eine binäre Relation $R \subset A \cdot C$ heißt **transitiv**, wenn aus $a \sim_R b$ und $b \sim_R c$ stets $a \sim_R c$ folgt (Abb. 6.2).

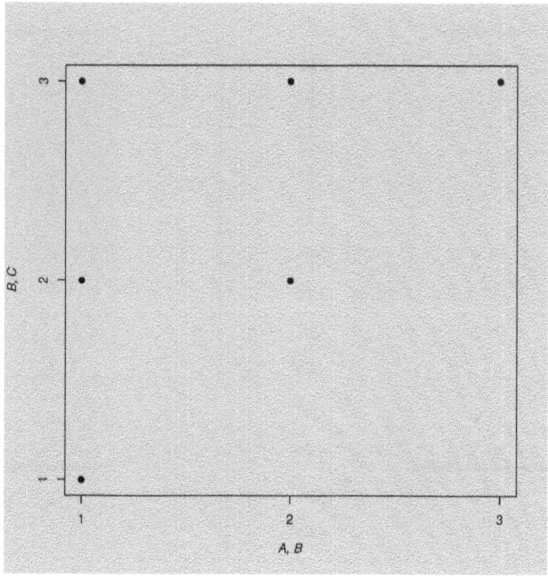

Abb. 6.2: Transitive Relation $A = B = C = \{1,2,3\}$

Beispiel 6.3. A und B sind Mengen von Menschen und

$$R = \{(a,b) \mid a \text{ ist mit } b \text{ befreundet}\}.$$

Dann ist die Relation R zwar symmetrisch aber weder antisymmetrisch noch asymmetrisch noch transitiv. Ist R reflexiv? Normalerweise ja, aber es gibt auch Ausnahmen!

Beispiel 6.4. Es gilt $A = B = \mathbb{N}$ und

$$R = \{(a,b) \mid a < b\}.$$

Die Relation R ist weder reflexiv noch symmetrisch. R ist auch nicht antisymmetrisch. Warum? Da die Beziehungen $a < b$ und $b < a$ nie gleichzeitig gelten können. Die Relation ist aber asymmetrisch und transitiv. Hingegen gilt für die Relation $a \leq b$ die antisymmetrische Eigenschaft.

Der Unterschied zwischen antisymmetrischen und asymmetrischen Relationen ist, dass in antisymmetrischen Relationen auch $a \sim_R a$ gelten kann, während diese Eigenschaft in asymmetrischen Relationen verboten ist.

6.2 Relationen

Mit den Mengenoperationen Durchschnitt, Vereinigung und Komplement können aus gegebenen Relationen neue Relationen erzeugt werden.

Beispiel 6.5. Die Grundmenge sei $A = B = \{1,2,3,4\}$, und es sind die Relationen

$$R_1 = \{(a,b) \mid a < b\} \quad \text{und} \quad R_2 = \{(a,b) \mid a+b \leq 3\}$$

gegeben. Der Durchschnitt der Relationen R_1 und R_2 ist

$$R_1 \cap R_2 = \{(a,b) \mid (a,b) \in R_1 \wedge (a,b) \in R_2\} = \{(1,2)\}.$$

Eine weitere Methode, zwei Relationen zu einer neuen zu verknüpfen, ist die **Komposition** von Relationen.
Sind

$$R_1 \subseteq M_1 \cdot M_2 \quad \text{und} \quad R_2 \subseteq M_2 \cdot M_3$$

binäre Relationen, dann heißt

$$R_2 \circ R_1 = \{(x,z) \mid x \in M_1, z \in M_3, \exists x \text{ mit } y \in M_2$$
$$\text{mit } (x,y) \in R_1 \text{ und } (y,z) \in R_2\} \subseteq M_1 \cdot M_3$$

eine **Komposition** oder Produkt von R_1 und R_2. Die Relation $R_2 \circ R_1$ wird gelesen als „R_2 nach R_1".

Man kann die Komposition von Relationen auch als verkettete Funktionen darstellen:

$$f: A \to B \quad \text{und} \quad g: A \to C \Rightarrow g \circ f: A \to C \Leftrightarrow x \mapsto (g \circ f)(x) = g(f(x))$$

Die Komposition von Relationen ist eine assoziative, jedoch im Allgemeinen nicht kommutative Verknüpfung:

$$(R_1 \circ R_2) \circ R_3 = R_1 \circ (R_2 \circ R_3)$$
$$R_1 \circ R_2 \neq R_2 \circ R_1 \quad \text{im Allgemeinen}$$

Beispiel 6.6. Sei $M =$ eine Menge von Menschen:

$$R_1 = \{(x,y) \mid x \text{ „ist Mutter von" } y\}$$
$$R_2 = \{(y,z) \mid y \text{ „ist verheiratet mit" } z\}$$

Dann ist die Komposition $R_2 \circ R_1$ enthalten in

$$R_3 = \{(x,z) \mid x \text{ „ist Schwiegermutter von" } z\}.$$

Die Komposition $R_1 \circ R_2$ beschreibt die Relation

$$R_1 \circ R_2 = \{(z,x) \mid z \text{ „ist Schwiegersohn, -tochter von" } x\}.$$

Beispiel 6.7.
$$R_4 = \{(a,y) \mid a \text{ „ist Vater von" } y\}$$
Ist a der Vater von y $(a,y) \in R_4$, und $(y,z) \in R_2$, dann ist a der Schwiegervater von z:

$$R_5 = \{(a,z) \mid a \text{ „ist Schwiegervater von" } z\}$$
$$R_5 = R_2 \circ R_4$$

6.3 Äquivalenzrelationen

In der Mathematik möchte man in vielen Zusammenhängen Objekte, die sich in gewissen Aspekten ähneln, als gleichwertig ansehen. Eine Formalisierung der Mindestanforderung an einen solchen Gleichwertigkeitsbegriff ist der Begriff der Äquivalenzrelation.

Eine Relation
$$R \subseteq A \cdot A$$
heißt **Äquivalenzrelation**, wenn sie die folgenden drei Eigenschaften besitzt:

1. $a \sim_R a$ für alle $a \in A$ (reflexiv)

2. Wenn $a \sim_R b$, dann auch $b \sim_R a$ (symmetrisch)

3. Wenn $a \sim_R b$ und $b \sim_R c$, dann gilt auch $a \sim_R c$ (transitiv)

Man schreibt für eine Äquivalenzrelation: $a \sim b$.

Ist eine Äquivalenzrelation $\sim \subseteq A \cdot A$ auf einer Menge A gegeben, so heißt eine Teilmenge $S \subseteq A$ **Äquivalenzklasse** (bezüglich R), falls gilt:

- $S \neq \emptyset$
- Aus $x,y \in S$ folgt $x \sim y$

6.3 Äquivalenzrelationen

- Aus $x \in S$; $y \in A$ und $x \sim y$ folgt $y \in S$

Beispiel 6.8. Es ist die Menge der Tiere auf einem Bauernhof gegeben. Wir definieren die Relation: Zwei Tiere stehen in Relation zueinander, wenn sie von derselben Art sind. Die Kuh steht zum Beispiel mit dem Bullen in Relation, aber nicht mit dem Huhn. Diese Relation ist eine Äquivalenzrelation: Jedes Tier ist von derselben Art wie es selbst (reflexiv). Ist die Kuh äquivalent zu dem Bullen, dann ist der Bulle auch äquivalent zur Kuh (symmetrisch). Wenn Kuh A und der Bulle sowie Kuh B und Kuh A von derselben Art sind, dann sind auch Kuh B und der Bulle von derselben Art (Rinder, transitiv). Eine Äquivalenzklasse besteht hier also aus den Tieren einer Art. Rinder sind eine Äquivalenzklasse, Hühner eine andere.

Beispiel 6.9. Briefe mit gleicher Postleitzahl gelten für die Sortierung in Postboxen (Äquivalenzklassen) als äquivalent.

Beispiel 6.10. Die Relation

$$R = \{(a,b) \in \mathbb{Z}^2 \mid a \text{ und } b \text{ besitzen denselben Rest bei Division mit } 3\}$$

ist eine Äquivalenzrelation. Sie ist offensichtlich reflexiv und symmetrisch:

$$a \sim a \quad \text{reflexiv}$$
$$a \sim b \;\Rightarrow\; b \sim a \quad \text{symmetrisch}$$

Wenn sowohl a und b als auch b und c denselben Rest bei der Division durch 3 haben, dann ist $(a,c) \in R$; die Relation ist transitiv. Die Äquivalenzklassen werden als Restklassen bezeichnet. Die Restklasse für 0 wird durch alle Teilungen mit dem Rest null erzeugt, also zum Beispiel $3 \div 3, 6 \div 3$ usw. Die Restklasse eins wird entsprechend durch Teilungen mit dem Rest eins erzeugt: $1 \div 3, 4 \div 3$ usw:

$$S_0 = \{\ldots, -6, -3, 0, 3, 6, \ldots\}$$
$$S_1 = \{\ldots, -5, -2, 1, 4, 7, \ldots\}$$
$$S_2 = \{\ldots, -4, -1, 2, 5, 8, \ldots\}$$

Beispiel 6.11. Nehmen wir die Äquivalenzrelation in $\mathbb{Z} : x \sim y$ für die gilt: „genau dann, wenn geteilt durch 5 beide Zahlen x und y denselben Rest besitzen".
Es existieren fünf Äquivalenzklassen:

$$S_r = \{x \in \mathbb{Z} : x = 5y + r \text{ für ein } y \in \mathbb{Z}\}$$
$$\text{für } r = 0,1,2,3,4$$
$$= \text{Restklassen modulo 5}$$

Zum Beispiel:

$$4 = 5 \cdot 0 + 4 \Rightarrow S_4$$
$$15 = 5 \cdot 3 + 0 \Rightarrow S_0$$
$$17 = 5 \cdot 3 + 2 \Rightarrow S_2$$

Minus mal Minus = Plus. Im Folgenden wird dargestellt, warum dies gilt [12, Seite 35ff].

Die Menge aller natürlicher Zahlen erscheint leicht verständlich. $\mathbb{N}$ sind die Zahlen 1, 2, ... Zu jeder natürlichen Zahl x kann eine andere natürliche Zahl y hinzuaddiert werden: $x + y$. Es gelten das Kommutativgesetz $x + y = y + x$ und das Assoziativgesetz $(x + y) + z = x + (y + z)$. Ferner wird ein neutrales Element, die 0, festgelegt, für das die Eigenschaft $x + 0 = x$ gilt.

Die Subtraktion $10 - 4$ könnte man noch scheinbar durchführen, aber $4 - 10$ ist nicht mehr in der Menge der natürlichen Zahlen möglich. Auch das Assoziativgesetz gilt nicht: $(10 - 4) - 3 \neq 10 - (4 - 3)$.

Es ist offensichtlich, dass die Menge der natürlichen Zahlen erweitert werden muss. Die Zahlenpaare (a,b) in $\mathbb{N}^2 = \mathbb{N} \cdot \mathbb{N}$ sind

$$\mathbb{N}^2 = \{(a,b) : a \in \mathbb{N} \text{ und } b \in \mathbb{N}\}.$$

Ein Zahlenpaar ist eine geordnete Liste zweier Zahlen. Geordnet bedeutet, dass es eine erste und eine zweite Zahl gibt. Es ist zwischen einem Paar wie $(3,2)$ und der Menge $\{3,2\}$ zu unterscheiden. Es gilt $\{a,b\} = \{b,a\}$, aber $(a,b) \neq (b,a)$.

Zu jedem Zahlenpaar (a,b) kann man ein äquivalentes Zahlenpaar (c,d) finden. Ein Element $a \in A$ steht in Relation zu einem Element $b \in B$, wenn das Paar (a,b) Element der Relation ist.

Existiert eine Äquivalenzrelation zwischen (a,b) und (c,d), so schreibt man $(a,b) \sim (c,d)$. Sind beispielsweise die beiden Zahlenpaare $(a,b) = (3,2)$ und $(c,d) = (8,7)$ gegeben, dann ist die Äquivalenz $(3,2) \sim (8,7)$ hier durch

6.3 Äquivalenzrelationen

$a + d = b + c \Leftrightarrow 3 + 7 = 2 + 8$ gegeben. Beide Zahlenpaare besitzen den Abstand 1.

Gilt die Äquivalenzrelation, dann folgt aus $(a,b) \sim (c,d)$ und $(c,d) \sim (e,f)$, dass auch $(a,b) \sim (e,f)$ gilt. Das heißt, wenn die Relation $(3,2) \sim (8,7)$ und die Relation $(8,7) \sim (12,11) : 8 + 11 = 7 + 12$ gelten, dann gilt auch die Relation $(3,2) \sim (12,11) : 3 + 11 = 2 + 12$.

Allgemeiner geschrieben (es werden die Variablen x,y für äquivalente Paare verwendet), kann dann für jedes Paar $(a,b) \in \mathbb{N}^2$ die Menge

$$\overline{(a,b)} = \{(x,y) \in \mathbb{N}^2 : (x,y) \sim (a,b)\}$$

festgelegt werden. Dies ist die Menge aller zu (a,b) äquivalenten Paare, die auch **Äquivalenzklasse** genannt wird.

Die Menge aller Äquivalenzklassen von $\mathbb{N}^2$ bzgl. der Relation wird nun als die Menge der ganzen Zahlen bestimmt:

$$\mathbb{Z} = \{\overline{(a,b)} : a \in \mathbb{N} \wedge b \in \mathbb{N}\}$$

Für die Äquivalenzklassen kann dann die Addition festgelegt werden:

$$\overline{(a,b)} + \overline{(c,d)} = \overline{(a+c, b+d)}$$

Gilt diese, so gilt mit dem neutralen Element $\overline{(0,0)}$ auch

$$\overline{(a,b)} + \overline{(0,0)} = \overline{(a+0, b+0)} = \overline{(a,b)}.$$

Jedes Element in $\mathbb{Z}$ besitzt auch ein inverses Element bzgl. der Addition, denn es gilt

$$\overline{(a,b)} + \overline{(b,a)} = \overline{(0,0)}.$$

Aufgrund der Addition ist $\overline{(3,2)} + \overline{(2,3)} = \overline{(5,5)}$. Nun ist $\overline{(5,5)}$ in derselben Äquivalenzklasse wie $\overline{(0,0)}$. Also kann man $\overline{(5,5)} \sim \overline{(0,0)} = \overline{(3,2)} + \overline{(2,3)}$ schreiben. Aus dieser Überlegung ergibt sich somit auch:

$$\overline{(a,0)} + \overline{(0,a)} = \overline{(0,0)}$$

Für das inverse Element $\overline{(0,a)}$ schreibt man in der Regel $-a$. Damit erhält man nun die bekannte Gleichung $a + (-a) = 0$.

Für $\overline{(a,0)}$ kann man die natürlichen Zahlen setzen: $\overline{(a,0)} \in \mathbb{N}$, da $\overline{(a,0)}$ äquivalent zu $(a,0)$ ist. $\overline{(0,a)}$ ist das inverse Element zu $\overline{(a,0)}$. Die Menge der ganzen Zahlen ist zusammengesetzt aus

$$\mathbb{Z} = \{\overline{(0,0)}, \overline{(1,0)}, \overline{(2,0)}, \ldots\} \cup \{\overline{(0,1)}, \overline{(0,2)}, \ldots\}.$$

Folglich gilt:

$$\mathbb{Z} = \mathbb{N} \cup \{\overline{(0,1)}, \overline{(0,2)}, \ldots\}$$
$$= \mathbb{N} \cup \{-1, -2, \ldots\}$$

Somit kann nun für $a - b$ auch $a + (-b)$ und für $a + d = b + c$ auch $a - b = c - d$ geschrieben werden. Ferner ist dann natürlich auch die Beziehung

$$a - \underbrace{(-e)}_{b} = c - d \Leftrightarrow a + d = c + (-e) = c - e$$
$$10 - (-4) = 16 - 2 \Leftrightarrow 10 + 2 = 16 + (-4) = 16 - 4$$

gültig. Minus Minus ist also Plus.

Für die Multiplikation wird

$$\overline{(a,b)} \cdot \overline{(c,d)} = \overline{(ac + bd, ad + bc)}$$

definiert. Dies erinnert an die binomische Formel $(a + b)^2$, nur dass die „Kreuzelemente" nicht addiert werden. Diese Multiplikationsregel stellt sicher, dass das Kommutativ-, Assoziativ- und Distributivgesetz gelten. Wird nun zum Beispiel $3 \cdot (-4)$ gerechnet, so erhält man

$$\overline{(3,0)} \cdot \overline{(0,4)} = \overline{(3 \cdot 0 + 0 \cdot 4, 3 \cdot 4 + 0 \cdot 0)} = \overline{(0,12)} = -12.$$

Entsprechend erhält man dann aus

$$(-3) \cdot (-4) = \overline{(12,0)} = 12.$$

Mit der Erweiterung der natürlichen Zahlen um die negativen Zahlen zu der Menge der **ganzen Zahlen** $\mathbb{Z}$ ist die vertraute Berechnung Minus mal Minus = Plus möglich:

$$\mathbb{Z} = \{\ldots, -4, -3, -2, -1, 0, 1, 2, 3, 4, \ldots\}$$

Mit den Relationen wird die Grundlage zur modernen Kryptografie geschaffen. In Kapitel 7 wird mit den Restklassen ein weiterer Teil der Krytografiegrundlagen erklärt.

6.4 Übungen

Übung 6.1. Ist die Relation
$$R = \{(a,b) \mid a,b \in \mathbb{Z}, a \neq b\} R = \{(a,b) \mid a,b \in \mathbb{Z}^+, a - b \text{ ist gerade}\}$$
reflexiv, symmetrisch, antisymmetrisch, asymmetrisch und transitiv?

Übung 6.2. Ist die Relation
$$R = \{(a,b) \mid a,b \in \mathbb{Z}^+, a - b \text{ ist gerade}\}$$
reflexiv, symmetrisch, antisymmetrisch, asymmetrisch und transitiv?

Übung 6.3. Finde eine Relation auf $\{1,2,3\}$, die reflexiv und transitiv ist, aber nicht symmetrisch.

Übung 6.4. Die Relation $R \subset \mathbb{R}^2 \times \mathbb{R}^2$ ist durch
$$((a,b),(c,d)) \in R \Leftrightarrow a \times d = b \times c$$
gegeben. Wann ist R eine Äquivalenzrelation?

Übung 6.5. Bilden Sie für die Relationen
$$R_1 = \{(a,b),(a,c)\} \quad \text{und} \quad R_2 = \{(b,d),(c,a)\}$$
die Kompositionen
$$R_2 \circ R_1 \quad \text{und} \quad R_1 \circ R_2.$$
Stellen Sie die Kompositionen als Produkt zweier binärer Matrizen dar.

Kapitel 7
Restklassen

Inhalt

7.1	Einleitung	87
7.2	Kongruenz	87
7.3	Addition, Subtraktion und Multiplikation kongruenter Zahlen	89
7.4	Modulare Inverse	91
7.5	Euklidischer Algorithmus	95
7.6	Erweiterter euklidischer Algorithmus	97
7.7	Übungen	99

7.1 Einleitung

Restklassen sind spezielle Relationen, die insbesondere für die Kryptologie (Kapitel 9) benötigt werden.

7.2 Kongruenz

Zwei Zahlen $a, b \in \mathbb{Z}$ heißen **kongruent** m,

$$a \equiv b \mod m,$$

wenn das Modul $m \in \mathbb{N}$ ein Teiler der Differenz $a - b$ ist.

a, b werden als kongruent modulo m bezeichnet. Äquivalenzklassen werden bzgl. $\equiv$ als Restklassen modulo m bezeichnet. Es ist $a \equiv b \mod m$ genau dann, wenn a und b bei der Division durch das Modul m denselben Rest ergeben.

© Springer-Verlag GmbH Deutschland, ein Teil von Springer Nature 2019
W. Kohn und U. Tamm, *Mathematik für Wirtschaftsinformatiker*,
https://doi.org/10.1007/978-3-662-59468-1_7

Beispiel 7.1. 2 und 16 ergeben bei der Division durch 7 den Rest 2. Daher ist
$$2 \equiv 16 \mod 7.$$

Tritt bei der Subtraktion eine negative Zahl auf, so lässt sich das Modul wie folgt berechnen:
$$-a = m - a \mod m$$

Beispiel 7.2.
$$-14 \mod 7 = 7 - 14 \mod 7$$
$$-7 \mod 7 = 7 - 7 \mod 7$$
$$0 \mod 7 = 0$$

Beispiel 7.3. 20 und 8 sind modulo 4 kongruent, weil $20 - 8$ durch 4 teilbar ist:
$$20 \equiv 8 \mod 4$$

Man beachte aber, dass mit $a \mod m$ der Rest einer ganzzahligen Teilung bezeichnet wird, wobei der Rest stets eine nichtnegative ganze Zahl ist:
$$r = a \mod n$$

Beispiel 7.4. Für $a = 3$ und $m = 2$ ist
$$3 \mod 2 = 1.$$

Beispiel 7.5. Für $a = -7$ und $m = 3$ gilt dann
$$-7 \mod 3 = 2 \mod 3 = 2,$$
weil die Gleichung $-7 = 3 \cdot n + r$ zu lösen ist. Für $n = -3$ ist der Rest $r = 2$ positiv.

Es gilt $a \equiv b \mod m$ und $c \equiv d \mod m$.

Beispiel 7.6.
$$16 \equiv 2 \mod 7 \qquad 15 \equiv 1 \mod 7$$

7.3 Addition, Subtraktion und Multiplikation kongruenter Zahlen

Für die Addition von zwei Kongruenzen $a \equiv b \mod m$ und $c \equiv d \mod m$ gilt:
$$(a+c) \equiv (b+d) \mod m$$

Beispiel 7.7. Die Addition der Kongruenzen aus Beispiel 7.6 liefert:
$$(16+15) \equiv (2+1) \mod 7 \Leftrightarrow 31 \equiv 3 \mod 7$$
$31 - 3 = 28$ ist durch 7 teilbar: $(31-3) \mod 7 = 0$.

Beispiel 7.8. Es gilt $2 \equiv 16 \mod 7$ und $21 \equiv 14 \mod 7$. Die Addition liefert dann:
$$(2+21) \equiv (16+14) \mod 7$$
Es gilt $(23-30) \mod 7 = 0$.

Für die Subtraktion von zwei Kongruenzen gilt:
$$(a-c) \equiv (b-d) \mod m$$

Beispiel 7.9.
$$(16-15) \equiv (2-1) \mod 7 \Leftrightarrow 1 \equiv 1 \mod 7$$

Beispiel 7.10.
$$(2-21) \equiv (16-14) \mod 7$$
Die Differenz $-19 - 2 = -21$ besitzt zum Modul 7 den Rest 0.

Für die Multiplikation von kongruenten Zahlen gilt:
$$(a \cdot c) \equiv (b \cdot d) \mod m$$

Beispiel 7.11. Die Zahlen 2 und 16 sind kongruent 7: $2 \equiv 16 \mod 7$. Ebenfalls kongruent 7 sind die Zahlen 21 und 14: $21 \equiv 14 \mod 7$. Die Multiplikation der Kongruenzen ist folglich:

$$(2 \cdot 21) \equiv (16 \cdot 14) \mod 7$$

Der Rest der ganzzahligen Teilung von $(42 - 224) \mod 7$ ist 0.

Beispiel 7.12. Die modulare Arithmetik kann angewendet werden, um die Uhrzeit zu berechnen. Hier kann das Modul 12 oder 24 verwendet werden. Es ist 3 Uhr. Was zeigt die Uhr 11 Stunden später an?

$$(3 + 11) \mod 12 = 2 \quad \text{Es ist 2 Uhr.}$$

Ist es 2 Uhr morgens oder abends?

$$14 \mod 24 = 14 \quad \text{Es ist also 14 Uhr.}$$

Wie spät ist es 11 Stunden früher?

$$(3 - 11) \mod 12 = 12 - 8 \mod 12$$
$$= 4 \mod 12 = 4 \quad \text{Es ist 4 Uhr.}$$

Morgens oder abends?

$$(3 - 11) \mod 24 = 24 - 8 \mod 24$$
$$= 16 \mod 24 = 16$$

Es ist also 16 Uhr nachmittags.
Wie viel Uhr ist es $9 \cdot 3$ Stunden später, ausgehend von 12 Uhr?

$$(9 \cdot 3) \mod 12 = 27 \mod 12 = 3$$

bzw.

$$27 \mod 24 = 3$$

Es ist also 3 Uhr morgens.

Beispiel 7.13. Es gilt:

$$37 \equiv 17 \mod 5 \quad \text{und} \quad 12 \equiv 7 \mod 5$$

Die Addition führt zur Kongruenz:

$$49 \equiv 24 \mod 5$$

Die Subtraktion führt zur Kongruenz:

$$25 \equiv 10 \mod 5$$

Die Multiplikation führt zur Kongruenz:

$$444 \equiv 119 \mod 5$$

7.4 Modulare Inverse

Auch zur Division existiert in der modularen Arithmetik eine Analogie. In $\mathbb{R}$ gilt $q \cdot q^{-1} = 1$. Für die modulare Arithmetik definiert man, dass

$$a \cdot b \mod m = 1 \quad \Leftrightarrow \quad a \cdot b - 1 \mod m = 0$$

gilt. Dies kann natürlich nicht für alle Zahlen a, b gelten. Für die obige Gleichung existiert eine Zahl a, wenn b und m relativ prim, d. h. **teilerfremd**, sind. Relativ prim heißt, dass zwei natürliche Zahlen keine gemeinsamen Primfaktoren besitzen. Zwei Primzahlen (Abschnitt 9.3) sind daher immer teilerfremd. Auch zwei Zahlen, deren Differenz 1 ist, sind teilerfremd.

Beispiel 7.14. 12 und 77 sind teilerfremd, weil $12 = 2 \cdot 2 \cdot 3$ und $77 = 7 \cdot 11$ keine gemeinsamen Primfaktoren enthalten. Hingegen sind 15 und 25 nicht teilerfremd, da $15 = 3 \cdot 5$ und $25 = 5 \cdot 5$ einen gemeinsamen Primfaktor besitzen.

Beispiel 7.15. Es ist die Restklasse $\mathbb{Z}_3 = \{0, 1, 2\}$ gegeben. Dann geht aus der modularen Multiplikation folgende Tabelle hervor:

	a		
b	0	1	2
0	0	0	0
1	0	1	2
2	0	2	1

Für die folgenden Multiplikationen gilt:

$$1 \cdot 1 \quad \mod 3 = 1$$
$$2 \cdot 2 \quad \mod 3 = 1$$

Nur in den beiden Fällen ist eine ganzzahlige Teilung in der Klasse $\mathbb{Z}_3$ möglich. Interessant ist lediglich der zweite Fall, da 1 immer ein ganzzahliger Teiler ist. Es gilt: $2 \cdot 2 - 1 \mod 3 = 0$. 2 und 3 sind relativ prim.

Beispiel 7.16. $b = 3$ und $m = 5$ sind relativ prim. Es existiert also eine Zahl $a \in \mathbb{Z}_5$, die die Beziehung $a \cdot 3 \mod 5 = 1$ erfüllt:

$$2 \cdot 3 \quad \mod 5 = 1 \quad \Leftrightarrow \quad 2 \cdot 3 - 1 \quad \mod 5 = 0$$

Die Zahl $a = 2$ erfüllt die Forderung.

Aus der Beziehung $a \cdot b \mod m = 1$ folgt die Gleichung

$$a \cdot b = m \cdot n + 1$$

mit n, dem ganzzahligen Wert der Division von $\lfloor a \cdot b \div m \rfloor = n$, die wie folgt umgeschrieben werden kann:

$$a = \frac{m \cdot n + 1}{b} \quad \text{mit } 1 < b < m$$

Berechne a, indem für $b = 1, \ldots, m - 1$ eingesetzt wird. Ist die Ganzzahligkeit erfüllt, dann ist a die **modulare Inverse** für b zu m.

Beispiel 7.17. $a \cdot b$ sei 4 und $m = 3$. Es gilt $\frac{4}{3} = 1$ Rest 1 bzw. $4 = 3 \cdot 1 + 1 = a \cdot b$:

$$a = \frac{3 \cdot 1 + 1}{b}$$

Für $b = 2$ gilt:

$$a = \frac{3 \cdot 1 + 1}{2} = 2$$

2 ist die modulare Inverse für 2 zu $m = 3$.

7.4 Modulare Inverse

Beispiel 7.18. $a \cdot b$ sei 15 und $m = 7$. Es gilt $\frac{15}{7} = 2$ Rest 1 bzw. $15 = 7 \cdot 2 + 1$:

$$a = \frac{7 \cdot 2 + 1}{b}$$

Mit $b = 3,5$ erhält man: $a = 5,3$. Für $a = 3$ und für $a = 5$ kann die Zahl 15 im Zahlenraum $\mathbb{Z}_7$ ganzzahlig geteilt werden. $a \cdot b = 36$ besitzt zum Modul $m = 7$ ebenfalls eine modulare Inverse:

$$a = \frac{7 \cdot 5 + 1}{b}$$

Für $b = 6$ existiert eine ganzzahlige Lösung mit $a = 6$:

				a			
b	0	1	2	3	4	5	6
0	0	0	0	0	0	0	0
1	0	1	2	3	4	5	6
2	0	2	4	6	1	3	5
3	0	3	6	2	5	1	4
4	0	4	1	5	2	6	3
5	0	5	3	1	6	4	2
6	0	6	5	4	3	2	1

Für $a = 3$ und $b = 4$ existiert hingegen keine ganzzahlige Teilung in $\mathbb{Z}_7$:

$$\frac{7 \cdot n + 1}{4} \neq 3 \quad \text{mit } n = 0, 1, \ldots, m - 1$$

$a = 3$ ist keine modulare Inverse von $b = 4$ zum Modul $m = 7$.

Nun ist meistens nicht das Produkt $a \cdot b$ gegeben, sondern nur b, und man sucht die modulare Inverse a modulo m.

Beispiel 7.19. Man kann die modulare Inverse in Beispiel 7.15 auch als folgenden Bruch verstehen, der zu lösen ist:

$$a = \frac{3 \cdot \mathbb{Z}_3 + 1}{2} \quad \mathbb{Z}_3 = \{0, 1, 2\}$$

Die obige Gleichung liefert für $n = 1 \in \mathbb{Z}_3$ $\left(\Rightarrow \frac{3 \cdot 1 + 1}{2}\right)$ ein ganzzahliges Ergebnis. Also ist $a = 2$ die modulare Inverse von $b = 2$ in $\mathbb{Z}_3$.

Beispiel 7.20. Sei $b = 5$ und $m = 7$, so ist eine ganzzahlige Lösung des Bruchs
$$a = \frac{7 \cdot \mathbb{Z}_7 + 1}{5}$$
gesucht: $\mathbb{Z}_7 = \{0, 1, \ldots, 6\}$. Für die Zahl $3 \in \mathbb{Z}_7$ erhält man $a = 3$.

Aus dem Produkt $a \cdot x = r$ kann, wenn a und r bekannt sind, x berechnet werden: $x = a^{-1} \cdot r$. Mit einer modularen Inversen geht dies auch.

Es sind x und b Elemente aus der Menge $\mathbb{Z}_m$: $x, b \in \mathbb{Z}_m$. Es gilt $a \cdot b \mod m = 1$ bzw. $a \cdot b = m \cdot n + 1$. Die Zahl x wird mit $x \cdot b \mod m = r$ codiert. Die Decodierung von r wird mit der modularen Inversen von b, sie sei hier a, wie folgt vorgenommen:

$$\begin{aligned}
a \cdot r \mod m &= a \cdot b \cdot x \mod m \\
&= (m \cdot n + 1) \cdot x \mod m \\
&= \underbrace{m \cdot n \cdot x \mod m}_{=0} + x \mod m \\
&= x \mod m = x \quad \text{für } x < m
\end{aligned}$$

Wäre nicht $a \cdot b \mod m = 1$ gefordert, dann wäre die Umrechnung nicht eindeutig. Angenommen, es gilt $a \cdot b \mod m = k > 1$, dann würde die Decodierung

$$\begin{aligned}
(m \cdot n + k) \cdot x \mod m &= m \cdot n \cdot x \mod m + k \cdot x \mod m \\
&= k \cdot x \mod m \neq x
\end{aligned}$$

liefern. Ein eindeutiger Rückschluss auf x ist nicht möglich.

Beispiel 7.21. Fortsetzung von Beispiel 7.15:

$$\{0,1,2\} \cdot 2 \mod 3 = \{0,2,1\} \Rightarrow \{0,2,1\} \cdot 2 \mod 3 = \{0,1,2\}$$

Wird aber das Ergebnis einer Multiplikation nicht mit einer modularen Inversen zurückgerechnet, so entsteht eine andere Zahlenfolge:

$$\{0,1,2\} \cdot 2 \mod 3 = \{0,2,1\} \Rightarrow \{0,2,1\} \cdot 1 \mod 3 = \{0,2,1\}$$

In der letzten Zeile sieht man, dass zu 2 die modulare Inverse nicht 1 sein kann. Man erhält nicht die ursprüngliche Zahlenfolge zurück. Diese Eigenschaft der modularen Inversen wird zur Verschlüsselung von Zahlenfolgen verwendet.

7.5 Euklidischer Algorithmus

Der **größte gemeinsame Teiler** (ggT) zweier natürlicher Zahlen ist die größte Zahl, die Teiler beider Zahlen ist. Jedes Paar von ganzen Zahlen besitzt einen gemeinsamen Teiler, der größer oder gleich 1 ist. Ist der größte gemeinsame Teiler zweier Zahlen 1, dann heißen die beiden Zahlen teilerfremd (oder relativ prim).

Jeder gemeinsame Teiler von b und m muss auch den Rest teilen:

$$b = n \cdot m + r$$

Denn wenn t ein gemeinsamer Teiler von b und m ist, also $b = k \cdot t$ und $m = p \cdot t$, so folgt

$$r = k \cdot t - n \cdot p \cdot t = t \cdot (k - n \cdot p),$$

also ist t auch ein Teiler von r.

Analog muss jeder gemeinsame Teiler von m und r auch ein Teiler von $b = n \cdot m + r$ sein. Daher ist der größte gemeinsame Teiler von b und m gleich dem größten gemeinsamen Teiler von m und r. Das Problem, den $\text{ggT}(b,m) = \text{ggT}(m,b)$ zu finden, reduziert sich also auf das Problem, den $\text{ggT}(m,r)$ zu finden. Die Überlegung kann man fortsetzen. Der Algorithmus geht auf Euklid zurück und wird deshalb als euklidischer Algorithmus bezeichnet.

Beispiel 7.22. Gesucht ist $\text{ggT}(217,63)$:

$$217 = 3 \cdot 63 + 28 \quad \Rightarrow \quad 28 = 217 - 3 \cdot 63$$

Jeder gemeinsame Teiler von 217 und 63 muss auch 28 teilen. Denn wenn t ein gemeinsamer Teiler von 217 und 63 ist, also $217 = k \cdot t$ und $63 = n \cdot t$ gilt, so folgt $28 = 217 - 3 \cdot 63 = k \cdot t - 3 \cdot n \cdot t$, also ist t auch ein Teiler von 28:

$$63 = 2 \cdot 28 + 7 \quad \Rightarrow \quad 7 = 63 - 2 \cdot 28$$

Analog muss jeder gemeinsame Teiler von 63 und 28 auch ein Teiler von $217 = 3 \cdot 63 + 28$ sein. Daher ist der größte gemeinsame Teiler von 217 und 63 gleich dem größten gemeinsamen Teiler von 63 und 28. Das Problem, den $\text{ggT}(217,63)$ zu finden, reduziert sich also auf das Problem, den $\text{ggT}(63,28)$ und weiter $\text{ggT}(28,7)$ zu finden:

$$28 = 4 \cdot 7 + 0$$

Da 7 ein Teiler von 28 ist, ist ggT(28,7) = 7, und damit gilt:

$$7 = \text{ggT}(28,7) = \text{ggT}(63,28) = \text{ggT}(217,63)$$

217 und und 63 sind nicht relativ prim (teilerfremd) und besitzen daher keine modulare Inverse.

Beispiel 7.23. Sind 3 und 7 relativ prim?

$$3 = 0 \cdot 7 + 3$$
$$7 = 2 \cdot 3 + 1$$
$$3 = 3 \cdot 1 + 0 \Rightarrow \text{ggT}(3,7) = 1$$

Ja. Also kann eine modulare Inverse von $a \cdot 3 \mod 7 = 1$ berechnet werden.

R-Code 7.1. Programmanweisungen zur Berechnung des größten gemeinsamen Teilers:

```
ggt <- function(a,b) {
   c <- 1
   while (c != 0) {
      c <- a %% b
      a <- b
      b <- c
   }
   return(a)
}

a <- 3
b <- 7
ggt(a,b)
```

7.6 Erweiterter euklidischer Algorithmus

Mit einer erweiterten Form des euklidischen Algorithmus kann die modulare Inverse berechnet werden. Dazu wird der Rest 1 wieder auf das ursprüngliche Zahlenpaar zurückgeführt. Die Schritte des euklidischen Algorithmus werden verwendet, um nun sukzessive die Gleichung $1 = a \cdot b$ mod $m = a \cdot b - m \cdot n$ zu bestimmen.

Beispiel 7.24. Um die modulare Inverse von 3 zum Modul 7 zu berechnen, wird der Rest 1 wieder aus den vorherigen Zerlegungen zusammengesetzt:

$$1 = -2 \cdot 3 + 1 \cdot 7$$
$$= (-2) \cdot 3 \mod 7$$

-2 ist die modulare Inverse bzw. jede kongruente Zahl dazu, also sind die Zahlen

$$a = \{\ldots, -2, 5, 12, \ldots\}$$

modular invers zu $a \cdot 3$ mod 7.

Beispiel 7.25. Es ist $a \cdot 3$ mod $35 = 1$ gesucht. Zuerst ist zu berechnen, ob das Zahlenpaar $b = 3$ und $m = 35$ relativ prim sind:

$$35 = 11 \cdot 3 + 2$$
$$3 = 1 \cdot 2 + 1$$
$$2 = 2 \cdot 1 + 0 \Rightarrow \text{ggT}(35,3) = 1$$

Ist dies wie hier der Fall, dann kann der Rest 1 mit der Erweiterung des Euklidischen Algorithmus bestimmt werden:

$$1 = 3 - 1 \cdot 2$$
$$= 3 - 1 \cdot (35 - 11 \cdot 3)$$
$$= 12 \cdot 3 + (-1) \cdot 35$$
$$1 = 12 \cdot 3 \mod 35$$

Die modulare Inverse von 3 zum Modul 35 ist 12:

$$1 = 12 \cdot 3 \mod 35$$

Das Verfahren heißt erweiterter euklidischer Algorithmus, da man sich zusätzlich die Zahlen q_i merkt, mit denen jeweils die kleinere Zahl im ggT(a,b) multipliziert wird.

Die Rückrechnung dieser Zahlen zur modularen Inversen kann man auch über eine Rekursion darstellen. Hierzu setzt man die Anfangswerte $t_{l+1} = 0$ und $t_l = 1$, wobei l der Index des letzten q_l ist. Die Rückrechnung erfolgt dann über die Formel $t_i = t_{i+2} - t_{i+1} \cdot q_{i+1}$ für $i = l-1, \ldots, 0$. t_0 ist dann die modulare Inverse.

Beispiel 7.26. Im obigen Beispiel sind also $q_1 = 11$ und $q_2 = 1$ (die Gleichung mit Rest 0 wird nicht mehr berücksichtigt). Damit ist $l = 2$, und die Anfangswerte für die Rekursion sind $t_3 = 0$ und $t_2 = 1$.
Die Rückrechnung ergibt dann:

$$t_1 = t_3 - t_2 q_2 = 0 - 1 \cdot 1 = -1$$
$$t_0 = t_2 - t_1 q_1 = 1 - (-1) \cdot 11 = 12$$

Die modulare Arithmetik wird u. a. bei Verschlüsselungsverfahren benötigt. Mit der modularen Inversen kann nun eine einfache Verschlüsselung der folgenden Form vorgenommen werden:

$x \cdot b \mod m = y$ Nachricht x wird mit b zu y verschlüsselt.

$y \cdot a \mod m = x$ y wird mit der modularen Inversen $a = b^{-1}$ entschlüsselt.

R-Code 7.2. Programmanweisungen zur Berechnung der modularen Inversen:

```
modinv <- function(a,b){
   c <- a
   if (ggt(a,b) == 1){
      while (c != 1){
         z <- c %% b
         c <- (z*a) %% b
      }
      return(z)
   }
   else z <- NA
}

modinv(35,3)
```

In Kapitel 6 und 7 wurden die theoretischen Grundlagen für die modernen Kryptografie eingeführt. Die Anwendung wird in Kapitel 9 demonstriert.

7.7 Übungen

Übung 7.1. Geben Sie die Restklasse R_3 von $\mathbb{Z}_7$ an.

Übung 7.2. Finden Sie eine zu

$$a \equiv 3 \mod 7$$

kongruente Zahl.

Übung 7.3. Berechnen Sie

$$a \cdot b \mod 7$$

für alle möglichen a und b.

Übung 7.4. Berechnen Sie die modulare Inverse von 3 modulo 7 mittels des erweiterten euklidischen Algorithmus.

Übung 7.5. Berechnen Sie die modulare Inverse von 17 zum Modul 64 mit dem erweiterten euklidischen Algorithmus.

Teil II
Anwendungen

Kapitel 8
Kontrollcodierung

Inhalt

8.1	Einleitung	103
8.2	Internationale Standardbuchnummer	103
8.3	Zyklische Codierung	104
8.4	Übungen	111

8.1 Einleitung

Eine weitere Anwendung der modulo-Rechnung aus Kapitel 7 ist die Kontrollcodierung. Sie soll verhindern, dass Tippfehler in Nummern wie z. B. Bestellnummern aufgedeckt werden. Allerdings können nur bestimmte Tippfehler mit der Kontrollcodierung aufgedeckt werden.

8.2 Internationale Standardbuchnummer

Die Internationale Standardbuchnummer (ISBN) war früher zehnstellig ($m = 11$) und hatte die Form x_1-$x_2 x_3 x_4$-$x_5 x_6 x_7 x_8 x_9$-p. Heute wird der zehnstelligen ISBN zusätzlich ein Präfix mit drei Ziffern vorangestellt. x_1 informiert über das Herkunftsland. $x_2 x_3 x_4$ bezeichnet den Verlag, und $x_5 x_6 x_7 x_8 x_9$ ist die Titelnummer des Verlags. Die Berechnung der Prüfziffer $0 \leq p \leq 10$ erfolgt bei der zehnstelligen ISBN mit der Gleichung

$$(10 x_1 + 9 x_2 + 8 x_3 + 7 x_4 + 6 x_5 + 5 x_6 + 4 x_7 + 3 x_8 + 2 x_9 + p) \mod 11 = 0.$$

© Springer-Verlag GmbH Deutschland, ein Teil von Springer Nature 2019
W. Kohn und U. Tamm, *Mathematik für Wirtschaftsinformatiker*,
https://doi.org/10.1007/978-3-662-59468-1_8

Sie stellt sicher, dass in der ISBN keine Ziffern vertauscht oder verkehrt sind.

Beispiel 8.1. Die Nummer 3-662-47124-p besitzt die Prüfziffer, die die Gleichung

$$(10 \cdot 3 + 9 \cdot 6 + 8 \cdot 6 + 7 \cdot 2 + 6 \cdot 4 + 5 \cdot 7 + 4 \cdot 1 + \ldots$$
$$3 \cdot 2 + 2 \cdot 4 + p) \mod 11 = 0$$

erfüllt. Es gilt $(223 + p) \mod 11 = 0$ bzw. $223 \equiv -p \mod 11$. Es ist $223 \mod 11 = 3$. Es gilt also:

$$(223 + p) \mod 11 = 0 \quad \text{oder}$$
$$(3 + p) \mod 11 = 0$$

Für $p = 8$ ist die Gleichung erfüllt. Dies ist die Prüfziffer.

8.3 Zyklische Codierung

Die **zyklische Codierung** (Cyclic Redundancy Check, CRC) ist ein Verfahren, um Übertragungsfehler bei digitalen Daten festzustellen. Bei dem Verfahren werden sogenannte **Check Bits** (Kontrollbits) an eine zu übertragende Nachricht (Wort oder Rahmen) angehängt. Der Empfänger kann dann zu einem gewissen Grad anhand der Check Bits Übertragungsfehler feststellen.

An eine Information (Wort) mit k Bits werden r Bits angehängt (Rahmen mit Anhang). Der Empfänger überprüft bei der erweiterten Nachricht ($k + r$ Bits) die r Bits. Sind diese einwandfrei, dann entnimmt er die k-Bits-Information. Im Folgenden geht es um die Berechnung der Check Bits und deren Eigenschaft.

CRC basiert auf polynomialer Arithmetik in $\mathbb{Z}_2$. Dies bedeutet, dass die Koeffizienten des Polynoms nur die Werte 0 und 1 annehmen (**binäre Polynome**):

$$a(x) = a_n x^n + a_{n-1} x^{n-1} + \ldots + a_1 x + a_0 \in \mathbb{Z}_2[x]$$

Das binäre Polynom $a(x)$ besitzt den Grad n. Es können Informationen mit der Länge von n Bits übertragen werden.

So wie ganze Zahlen kongruent sein können, besitzen auch Polynome in $\mathbb{Z}$ **Kongruenzen**. Zwei Polynome $a(x)$ und $b(x)$ heißen kongruent modulo eines Polynoms $m(x)$, falls sie bei der Division durch $m(x)$ das gleiche Restpolynom $r(x)$ besitzen. Es gilt also $a(x) \equiv b(x) \mod m(x)$ genau dann, wenn

8.3 Zyklische Codierung

$a(x) - b(x)$ durch $m(x)$ teilbar ist, wenn also $a(x) - b(x) = q(x)m(x)$ gilt. Alle modulo-$m(x)$-kongruenten Polynome bilden eine Restklasse modulo $m(x)$.

Die Summe (Addition und Subtraktion) zweier Polynome in $\mathbb{Z}_2[x]$ wird modulo 2 berechnet. Dies ist das Gleiche wie das Ergebnis der exklusiven ODER- bzw. XOR-Operation.

Beispiel 8.2. Die Addition (identisch mit der Subtraktion in $\mathbb{Z}_2[x]$) von $a(x) = x^3 + x \in \mathbb{Z}_2[x]$ und $b(x) = x^2 + x \in \mathbb{Z}_2[x]$ ergibt

$$a(x) + b(x) = 1x^3 + 1x^2 + 2x + 0x^0 = x^3 + x^2,$$

weil $1 + 1 \mod 2 = 0$ gilt.

Die Multiplikation wird durch das logische UND abgebildet.

Beispiel 8.3. Die Multiplikation von $a(x) = x^3 + x$ und $b(x) = x^2 + 1$ in $\mathbb{Z}_2$ ist:

$$a(x) \cdot b(x) = (x^3 + x) \cdot (x^2 + 1) = x^5 + x^3 + x^3 + x = x^5 + x$$

R-Code 8.1. Programmanweisungen für die binäre Polynommultiplikation:

```
# c(x) = a(x)*b(x)
polymult <- function(a,b){
  # Dimension von c = höchste Potenz
  len_c <- length(a) + length(b) - 1
  # Ergbnismatrix der elementweisen Multiplikation
  # Initialisierung
  c <- matrix(0, length(b), len_c)

  for (j in 1:length(b)){
    k <- j # Verschiebung
    for (i in 1:length(a)){
      # elementweise Multiplikation
      c[j,k] <- a[i] * b[j]
      k <- k + 1
    }
  }
  # Addition modulo 2
  c <- colSums(c) %% 2
```

```
    return(c)
}

a <- c(1,0,1,0)
b <- c(1,0,1)
polymult(a,b)
```

Die Division zweier binärer Polynome wird mit der Polynomdivision wie in der Analysis berechnet. Für reelle Polynome gibt es unendlich viele Restklassen, da es unendlich viele mögliche Reste bei der Division durch m gibt.

Beispiel 8.4. Sei $m(x) = x^2 + 1 \in \mathbb{R}[x]$. Dann sind die möglichen Reste alle Polynome der Form $a_1 x + a_0$ (alle Polynome vom Grad < 2). Davon gibt es unendlich viele, da a_1 und a_0 reelle Zahlen sind. Lässt man nur die Zahlen 0 und 1 (also Polynome in $\mathbb{Z}_2[x]$) zu, dann sind bei der Division durch $m(x) = x^2 + 1 \in \mathbb{Z}[x]$ nur noch $2^2 = 4$ Reste möglich: 0, 1, x, $x+1$:

$$0 + 0x = 0$$
$$1 + 0x = 1$$
$$0 + 1x = x$$
$$1 + 1x = 1 + x$$

Beispiel 8.5. Die Polynomdivision von $a(x)$ und $m(x)$ ist:

$$a(x) \div m(x) = q(x) + \frac{r(x)}{m(x)}$$
$$(x^3 + x) \div (x^2 + 1) = x + \frac{0}{x^2 + 1}$$

Man kann auch $(x^3 + x) \mod (x^2 + 1) = 0$ schreiben.

Beispiel 8.6. Es wird $a(x) = x^7 + x^6 + x^5 + x^2 + x \in \mathbb{Z}_2[x]$ und $m(x) = x^3 + x + 1 \in \mathbb{Z}_2[x]$ angenommen:

$$(x^7 + x^6 + x^5 + x^2 + x) \div (x^3 + x + 1) = x^4 + x^3 + 1 + \frac{x^2 + 1}{x^3 + x + 1}$$

Es ist also $a(x) \mod m(x) = x^2 + 1$.

8.3 Zyklische Codierung

R-Code 8.2. **Programmanweisungen für die binäre Polynomdivision:**

```
# a(x) = Zählerpolynom
# b(x) = Nennerpolynom = Teiler
polydiv <- function(a,b){
  bb <- b

  # Übertrag
  if (length(a) > length(b)){
    bb[(length(b)+1):length(a)] <- 0
  }

  while (length(bb) > 1){
    # Subtraktion
    r <- (a - bb) %% 2

    # Abbruch: Teilung ohne Rest
    if (all(r == 0)) break

    # führende Nullen entfernen
    while (r[1] == 0) r <- r[-1]

    # Abbruch: Rest kleiner als b
    if (length(r) < length(b)) break

    # Übertrag
    bb <- b
    if (length(r) > length(bb)){
      bb[(length(b)+1):length(r)] <- 0
    }
    a <- r
  }
  # Restpolynom
  return(r)
}

a <- c(1,1,1,0,0,1,1,0)
b <- c(1,0,1,1)
polydiv(a,b)
```

Die Information wird in einem binären Polynom $a(x)$ repräsentiert.

Beispiel 8.7. Die Information 11001001 wird durch das binäre Polynom

$$a(x) = 1x^7 + 1x^6 + 0x^5 + 0x^4 + 1x^3 + 0x^2 + 0x + 1x^0$$
$$= x^7 + x^6 + x^3 + 1$$

dargestellt. Die Information hat eine Länge von $k = 8$ Bits. Der Grad von $a(x)$ beträgt daher $k - 1 = n = 7$.

Die r Kontrollbits werden an die Nachricht angehängt. Für diese Berechnung wird ein sogenanntes **Generatorpolynom** $g(x)$ vom Grad r benötigt. Sender und Empfänger kennen dieses Generatorpolynom. In der Informatik werden bestimmte Generatorpolynome für die verschiedenen Anwendungen eingesetzt.

Beispiel 8.8. Die Kontrollbits bei USB-Übertragung werden mit dem Generatorpolynom

$$g(x) = x^5 + x^2 + 1 \in \mathbb{Z}_2[x] \quad \text{Grad } r = 5$$

berechnet.

Der Vorgang ist nun folgender: An die Information werden zuerst r Nullen (Kontrollbits, auch CRC Checksum) angehängt: $a(x)\,x^r$. Dann erfolgt eine Polynomdivision mit $g(x)$ (Grad r). Das Restpolynom $r(x)$ aus dieser Division ist die Checksum, die statt der r Nullen dann an die Information $a(x)$ angehängt wird: $a(x)\,x^r - r(x)$ (man kann auch $a(x)\,x^r + r(x)$ schreiben), da bei modulo 2 gilt:

$$0 - 0 = 0 + 0 = 0$$
$$0 - 1 = 0 + 1 = 1$$
$$1 - 0 = 1 + 0 = 1$$
$$1 - 1 = 1 + 1 = 0$$

Das Restpolynom besitzt einen Grad von $r - 1$ oder kleiner. Die Polynome $a(x)\,x^r$ und $r(x)$ besitzen aufgrund der Berechnung die Kongruenz zu $g(x)$. Es gilt ja $a(x)\,x^r \mod g(x) = r(x)$ und $r(x) \mod g(x) = r(x)$. Daher ist:

$$a(x)\,x^r \equiv r(x) \mod g(x) \quad \text{bzw.} \quad a(x)\,x^r - r(x) \mod g(x) = 0$$

8.3 Zyklische Codierung

Beispiel 8.9. Die Information $a(x)$ aus Beispiel 8.7 wird mit $r = 5$ Nullen ergänzt:

$$a(x)x^5 = (x^7 + x^6 + x^3 + 1)x^5 = x^{12} + x^{11} + x^8 + x^5$$

Die Bit-Folge ist jetzt $= 11001001 \mid 00000$. Wird dieses erweiterte Polynom $a(x)x^5$ durch $g(x) = x^5 + x^2 + 1$ geteilt:

$$
\begin{array}{l}
(x^{12} + x^{11} + x^8 + x^5) \div (x^5 + x^2 + 1) = (x^7 + x^6 + x^4 + x^2 + 1) \\
\underline{(x^{12} + x^9 + x^7)} \\
(x^{11} + x^9 + x^8 + x^7 + x^5) \\
\underline{(x^{11} + x^8 + x^6)} \\
(x^9 + x^7 + x^6 + x^5) \\
\underline{(x^9 + x^6 + x^4)} \\
(x^7 + x^5 + x^4) \\
\underline{(x^7 + x^4 + x^2)} \\
(x^5 + x^2) \\
\underline{(x^5 + x^2 + 1)} \\
\quad 1 \quad = r(x)
\end{array}
$$

Das Polynom $r(x) = 1 = 00001$ ist die Checksum, die nun von $a(x)x^r$ abgezogen wird (immer modulo 2):

$$a(x)x^r - r(x) = 11001001 \mid 00001$$

Diese Information wird gesendet.

Der Empfänger überprüft nun das Polynom $a(x)x^r - r(x)$, indem er dieses durch das Generatorpolynom teilt. Der Rest muss 0 sein, da ja $a(x)x^r - r(x) = q(x)g(x)$ bzw. $a(x)x^r - r(x) \mod g(x) = 0$ gilt. Ist der Rest der Division nicht 0, dann liegt ein Übertragungsfehler vor.

Beispiel 8.10. Die gesendete Information

$$a(x)x^r - r(x) = 11001001 \mid 00001 = x^{12} + x^{11} + x^8 + x^5 + 1$$

wird nun mit $g(x) = x^5 + x^2 + 1$ überprüft. Dazu haben wir $a(x)x^r - r(x)$ durch $g(x)$ geteilt. Wenn die übertragende Information korrekt war, dann ist der Rest 0.

$$a(x)x^r - r(x) \mod g(x) =$$
$$(x^{12} + x^{11} + x^8 + x^5 + 1) \mod (x^5 + x^2 + 1) = 0$$

Die Information wurde korrekt übertragen.

Da man nur an dem Restpolynom interessiert ist, kann man dieses auch durch direktes Rechnen mit den 0,1-Folgen anstatt der Polynome noch schneller ermitteln. Dazu wird sukzessive der Divisor $g(x)$ unter die führende 1 des verbliebenen Teilergebnisses der Division verschoben und dann addiert bzw. subtrahiert.

Beispiel 8.11. Im obigen Beispiel war die zu überprüfende Information

$$a(x)x^r - r(x) = 1100100100001 = x^{12} + x^{11} + x^8 + x^5 + 1$$

und das Generatorpolynom

$$g(x) = 100101 = x^5 + x^2 + 1.$$

Der Rest der Polynomdivision ergibt sich dann durch sukzessive Addition/Subtraktion wie folgt:

```
1 1 0 0 1 0 0 1 0 0 0 0 1
1 0 0 1 0 1
-------------
0 1 0 1 1 1 0 1 0 0 0 0 1
  1 0 0 1 0 1
-------------
0 0 0 1 0 1 1 1 0 0 0 0 1
    1 0 0 1 0 1
-------------
0 0 0 0 0 1 0 1 1 0 0 0 1
      1 0 0 1 0 1
-------------
0 0 0 0 0 0 1 0 0 1 0 1
        1 0 0 1 0 1
-------------
0 0 0 0 0 0 0 1 0 0 1 0 1
          1 0 0 1 0 1
-------------
0
```

R-Code 8.3. Mit den obigen Programmanweisungen kann nun die CRC-Kontrolle der Übertragung durchgeführt werden:

```
# crc
# Information
a <- c(1,1,0,1,0,1)
# Generator
g <- c(1,0,0,1,0,1)
```

```
# Erweiterung
a(x)*x^r
ax <- polymult(a,c(1, rep(0, length(g) - 1)))
r <- polydiv(ax,g)

# Anhängen
crc <- c(ax[1:length(a)], r)

# Kontrolle
polydiv(crc,g)
```

Bei Auftreten eines Fehlers werden in der gesendeten Information ein oder mehrere Bits invertiert. Dies entspricht der Addition eines Fehlerpolynoms $e(x)$, das eine 1 an der Position des Übertragungsfehlers hat. Das empfangene Polynom $a'(x) = a(x) \oplus e(x)$ besitzt dann bei der Division mit $g(x)$ nicht mehr den Rest 0, es sei denn, das Fehlerpolynom $e(x)$ ist durch $g(x)$ teilbar. Dieser Fall kann eintreten, wenn das Fehlerpolynom ein Vielfaches des Generatorpolynoms ist oder wenn der Fehler in $a(x)$ und in $r(x)$ gleichermaßen auftritt. Beides ist recht unwahrscheinlich.

Der Fall, dass die Division ungleich 0 und die Nachricht richtig übertragen wurde, tritt dann ein, wenn der angehängte Rest fehlerhaft übertragen wurde. Auch dies ist eher unwahrscheinlich, weil $r(x)$ im Vergleich zu $a(x)$ kürzer und somit die Wahrscheinlichkeit für einen Fehler geringer ist.

Der Name „zyklische Codierung" rührt daher, dass an die ursprüngliche Information $a(x)$ um r bits verschoben wird. Auf die Art von Fehlerkorrekturen mit dem CRC-Verfahren wird hier nicht eingegangen.

8.4 Übungen

Übung 8.1. Gegeben seien ein CRC-Polynom in der Form $g(x) = 100101$ sowie das Wort 110101. Berechnen Sie die CRC-Prüfsumme, die codierte Information, und überprüfen Sie die gesendete Information.

Übung 8.2. Berechnen Sie mit dem CRC-Polynom $g(x) = 101101$ (Generatorpolynom) die CRC-Prüfsumme für die Information $a(x) = 10110101$.

Übung 8.3. Prüfen Sie mit dem CRC-Polynom $g(x) = 101101$, ob die Datenübertragung von 10010100110 fehlerfrei erfolgte.

Kapitel 9
Kryptologie

Inhalt

9.1	Einleitung	113
9.2	Caesar-Verschlüsselung	114
9.3	Primzahlen	116
9.4	Kleiner Satz von Fermat	118
9.5	Diffie-Hellman-Protokoll	120
9.6	RSA-Verschlüsselung	123
9.7	Mersenne-Primzahlen	125
9.8	Schnelles Exponenzieren	126
9.9	Public-Key-Kryptologie	128
9.10	Übungen	131

9.1 Einleitung

Mit der Caesar-Chiffre wurde schon sehr früh die Kenntnis der Restklassen in Kapitel 7 genutzt, um Informationen zu verschlüsseln. Allerdings weist die Caesar-Chiffre den großen Nachteil auf, dass auch der Schlüssel sicher transportiert werden muss.

Eine Verschlüsselung, die einen höheren Sicherheitsstandard hat als die Caesar-Chiffre, ist der RSA-Schlüssel. Das RSA-Schlüsselsystem ist nach den drei Mathematikern Rivest, Shamir und Adleman benannt. Es handelt sich bei dem RSA-System um eine asymmetrische Verschlüsselung, die auf dem Diffie-Hellman-Protokoll aufgebaut ist.

Eine asymmetrische Verschlüsselung bedeutet, dass ein öffentlicher Schlüssel existiert, der jedem zugänglich ist. Mit diesem Schlüssel wird eine Nachricht vom Sender verschlüsselt. Mit dem privaten Schlüssel, der nur dem Empfänger bekannt ist, wird die Nachricht entschlüsselt.

Für eine ausführliche Beschreibung zur Kryptologie siehe etwa [4] und [1].

9.2 Caesar-Verschlüsselung

Die Caesar-Chiffre ist eine Anwendung für die modulare Inverse. Es geht um die Verschlüsselung von Information. Im Folgenden wird die Caesar-Chiffre anhand der Verschlüsselung eines Wortes gezeigt. Wir gehen vom Alphabet in Tab. 9.1 aus.

Tabelle 9.1: Alphabet

a	b	c	d	e	f	g	h	i	j	k	l	m	n	o	p	q	r
0	1	2	3	4	5	6	7	8	9	10	11	12	13	14	15	16	17

s	t	u	v	w	x	y	z
18	19	20	21	22	23	24	25

Die Caesar-Chiffre beruht auf einer Verschiebung der Buchstaben. Wird nun einfach jeder Buchstabe eines Wortes um s Positionen verschoben, so ist der Schlüssel sehr leicht zu dechiffrieren. Daher kam die Überlegung, jeden Buchstaben eines Wortes mit einem Faktor a zu multiplizieren. Es handelt sich dabei um eine modulare Multiplikation.

Beispiel 9.1. Das Wort h a n s nach Tabelle 9.1 übersetzt, ergibt die Folge 7, 0, 13, 18. Werden diese Werte mit dem Faktor $a = 2$ modular multipliziert, erhält man:
$$\{7, 0, 13, 18\} \cdot 2 \mod 26 = \{14, 0, 0, 10\}$$
Man sieht sofort, dass hier nach der Codierung zwei Buchstaben (a und i) doppelt auftreten, obwohl in dem Ausgangswort jeder Buchstabe nur einmal vorkommt. Die Codierung ist mehrdeutig und somit untauglich.

Es gibt aber Faktoren zum Modul 26, die jeden Buchstaben einer eindeutigen Restklasse zuordnen und somit eine eindeutige Dechiffrierung ermöglichen. Die modulare Multiplikation mit einer Zahl a kann dann rückgängig gemacht werden, wenn zu a eine multiplikative Inverse existiert. Dies ist genau dann der Fall, wenn a und das Modul relativ prim sind. Der Faktor $a = 2$ hat versagt, weil $\text{ggT}(2, 26) = 2$ gilt. Zum Modul 26 sind nur die Tab. 9.2 aufgeführten Zahlen relativ prim.

9.2 Caesar-Verschlüsselung

Tabelle 9.2: Modulare Inverse zum Modul 26

a	3	5	7	9	11	15	17	19	21	23	25
mod. Inv. b	9	21	15	3	19	7	23	11	5	17	25

Beispiel 9.2. Das Wort hans könnte also mit dem Faktor $a = 3$ chiffriert werden, weil $a = 3$ eine modulare Inverse $b = 9$, besitzt:

$$\{7,0,13,18\} \cdot 3 \mod 26 = \{21,0,13,2\}$$

Die Dechiffrierung erfolgt, indem man nun die codierte Zahlenfolge mit der modularen Inversen von $a = 3$, also $b = 9$ multipliziert:

$9 \cdot 21 \mod 26 = 7 \qquad 9 \cdot 0 \mod 26 = 0 \qquad 9 \cdot 13 \mod 26 = 13$
$9 \cdot 2 \mod 26 = 18 \qquad 9 \cdot 12 \mod 26 = 4 \qquad 9 \cdot 25 \mod 26 = 17$

Man kann die Verschlüsselung auch mit einem additiven Wert s erweitern. Zum Beispiel wird zuerst das Wort durch einen additiven Faktor s chiffriert und dann diese Zahlenfolge mit einem multiplikativen Wert a weiter chiffriert. Natürlich ist dies nur eine einfache Art der Verschlüsselung, die heute keiner Sicherheitsanforderung entspricht. Aber sie zeigt die Bedeutung der Primzahlen für die Verschlüsselung, auf der heutige Algorithmen aufbauen.

Beispiel 9.3. Das Wort hans wird nun zuerst mit dem Wert $s = 6$ und dann mit dem Wert $a = 3$ codiert:

$$\{7,0,13,18\} + 6 \mod 26 = \{13,6,19,24\}$$
$$\{13,6,19,24\} \cdot 3 \mod 26 = \{13,18,5,20\}$$
$$\{13,18,5,20\} = \{n,s,f,u\}$$

Aus dem Wort hans wird chiffriert das Wort nsfu. Die Decodierung erfolgt nun in umgekehrter Reihenfolge der Codierung d. h. die Zahlenfolge muss zuerst mit der modularen Inversen und dann mit der Subtraktion von $s = 9$ dechiffriert werden.

$$\{13,18,5,20\} \cdot 9 \mod 26 = \{13,6,19,24\}$$
$$\{13,6,19,24\} - 6 \mod 26 = \{7,0,13,18\}$$
$$\{7,0,13,18\} = \{h,a,n,s\}$$

R-Code 9.1. Programmanweisungen für die Caesar Chiffrierung des Wortes hans mit Verschiebewert $s = 6$ und Faktor $t = 17$:

```
# Alphabet
a <- letters
m <- length(a) # 26 Buchstaben

# Verschlüsselung von
wort <- list('h','a','n','s')
k <- charmatch(wort,a)
k <- k-1 # weil Zählung mit Null anfängt -> 0:25

# Chiffrierung
s <- 6
chiff.s <- (k+s)%%m
t <- 7
chiff.t <- (chiff.s*t)%%m

# codiertes Wort
a[chiff.t+1]

# Dechiffrierung
dechiff.t <- (chiff.t*modinv(t,m))%%m
dechiff.s <- (dechiff.t-s)%%m

# Ausgabe des decodierten Wortes hans
a[dechiff.s+1]
```

9.3 Primzahlen

Eine ganze Zahl a heißt durch eine natürliche Zahl b teilbar, wenn es eine ganze Zahl n gibt, sodass $a = n \cdot b$ ist. b ist der Teiler von a. Eine natürliche Zahl $p > 1$, die nur durch sich selbst und durch 1 teilbar ist, heißt **Primzahl**.

Ein einfaches Verfahren, um Primzahlen zu berechnen, ist das **Sieb des Eratosthenes**. Die ersten n Primzahlen werden wie folgt berechnet: Es werden alle Zahlen von 2 bis n aufgeschrieben. Die Zahlen, beginnend bei 2, und all ihre Vielfachen werden gestrichen. Ist m die erste nicht gestrichene Zahl, so streiche man wiederum alle Vielfachen von m. Man wiederholt den vorherigen Schritt für alle $m \leq \sqrt{n}$. Die verbleibenden Zahlen sind die gesuchten Primzahlen.

9.3 Primzahlen

Beispiel 9.4. Wir setzen $n = 10$. Also sind alle Zahlen aus $2, 3, \ldots, 10$ zu streichen, die ein Vielfaches von 2 sind. Es bleiben $2, 3, 5, 7, 9$ übrig. Nun werden alle Zahlen herausgenommen, die ein Vielfaches von $m = 3$ (erste nicht gestrichene Zahl) sind; der Rest ist $3, 5, 7$. Für $m = 5$ und $m = 7$ sind sie keine Vielfachen mehr. Primzahlen zwischen 1 und 10 sind also $1, 2, 3, 5, 7$.

R-Code 9.2. Programmanweisungen zur Primzahlenberechnung Sieb des Eratostenes:

```
prim <- function(n){
  m <- 2:n
  for (i in 2:sqrt(n)){
    m <- m[which(m %% i !=0 | m %/% i == 1)]
  }
  return(m)
}

prim(50)
```

Jede natürliche Zahl größer als 1 ist entweder selbst eine Primzahl, oder sie lässt sich als Produkt von Primzahlen schreiben. Dies wird als **Primfaktorzerlegung** bezeichnet.

Beispiel 9.5. Die Zahl 42 ist das Produkt aus 2 mal 21. 21 ist das Produkt aus 3 mal 7. Die Primfaktorzerlegung von 42 ist also

$$42 = 2 \cdot 21 = 2 \cdot 3 \cdot 7.$$

50 ist das Produkt aus 2 mal 25, und 25 ist gleich 5^2. Die Primfaktorzerlegung ist somit

$$50 = 2 \cdot 5^2.$$

R-Code 9.3. Programmanweisungen für die Primfaktorzerlegung einer Zahl x:

```
primzerlegung <- function(x){
  p <- prim(x)
  e <- matrix(0,1,length(p))
  for (i in 1:length(p)){
    while (x %% p[i] == 0){
      e[i] <- e[i] + 1
```

```
        x <- x %/% p[i]
        if (x %% p[i] != 0) break
    }
    if (x == 1){
        return(list(primfaktor=p[1:i],
            exponent=e[1:i]))
    }
  }
}
primzerlegung(42)
```

9.4 Kleiner Satz von Fermat

Der kleine Satz von Fermat lautet:

$$a^{p-1} \mod p = 1$$

p ist eine Primzahl und a eine ganze Zahl in $\mathbb{Z}_p$. a und p sind teilerfremd.
Oft wird der kleine Fermat auch in der folgenden Form präsentiert:

$$a^p \equiv a \mod p$$

Sie gilt sogar für alle Zahlen a, also auch, wenn a durch p teilbar ist.

Diese Identität wird über Teilbarkeitseigenschaften der Binomialkoeffizienten durch Induktion hergeleitet. Offensichtlich ist $0^p \equiv 0 \mod p$. Mit der Induktionsannahme $a^p \mod p = a$ betrachten wir nun die **binomische Formel** für $(a+1)^p$:

$$(a+1)^p = a^p + \binom{p}{1} a^{p-1} + \ldots + \binom{p}{p-1} a + 1$$

Der Binomialkoeffizient $\binom{p}{k}$ mit $k = 1, \ldots, p-1$ ist durch p teilbar, weil für $k < p$

$$\binom{p}{k} k! = (p-k+1) \cdots (p-1) p$$

gilt. Es gilt daher, dass die Gleichung

$$(a+1)^p \mod p = (a^p + 1) \mod p = a + 1 \mod p$$

aufgrund der Induktionsannahme $a^p \mod p = a$.

9.4 Kleiner Satz von Fermat

Ein einfacher Zusammenhang mit der modularen Inversen b von a zum Modul p ist folgender:

$$a^p b \mod p = a^{p-1} a b \mod p = a^{p-1} \mod p = 1$$

Die Identität $a^{p-1} \equiv 1 \mod p$ hat weitreichende Folgerungen:

1. Sie lässt sich auf zusammengesetzte Zahlen erweitern. Für das RSA-System ist wichtig, dass für das Produkt $n = p \cdot q$ von zwei Primzahlen p und q für zu n teilerfremde a gilt:

$$a^{(p-1)(q-1)} \equiv 1 \mod n$$

2. Es lässt sich ein **Primzahltest** (auch Fermat-Test) konstruieren. Findet sich nämlich eine Basis b mit $b^{n-1} \neq 1 \mod n$, so kann n keine Primzahl sein.

Dieser Primzahltest hat jedoch eine Lücke. Es gibt nämlich Pseudoprimzahlen. Eine **Pseudoprimzahl** n zur Basis b erfüllt nämlich $b^{n-1} \equiv 1 \mod n$, obwohl n keine Primzahl ist (Aufgabe 9.6). Schlimmer noch ist die Existenz von **Carmichael-Zahlen**, für welche sogar $b^{n-1} \equiv 1 \mod n$ für alle Basen b ist, die teilerfremd zu n sind.

Diese Schwierigkeiten kann man aber umgehen, indem zusätzlich die Wurzeln $b^{\frac{n-1}{2}} \mod n$ usw. berechnet werden. Ist die Wurzel aus 1 modulo n eine andere Zahl als 1 oder -1, so kann n keine Primzahl mehr sein. Zu diesem Kriterium gibt es kein Analog mehr zu Carmichael-Zahlen. Ist n keine Primzahl, so ergibt sich bei mehr als drei Viertel aller Basen durch sukzessives Wurzelziehen aus der 1 irgendwann ein anderer Wert als 1 oder -1.

Um festzustellen, ob eine Zahl n Primzahl ist, wird also zunächst für ca. 20 zufällig ausgewählte Basen b geprüft, ob $b^{n-1} \mod n \neq 1$ ist. Ist dies der Fall, kann n keine Primzahl sein. Ist $b^{n-1} \mod n = 1$, so wird $b^{\frac{n-1}{2}} \mod n$ berechnet. Ist das Ergebnis ungleich 1 oder -1, so ist n keine Primzahl. Ist das Ergebnis 1, so berechnet man wieder die Wurzel $b^{\frac{n-1}{4}} \mod n$, usw. bis zur höchsten Zweierpotenz, die noch durch $n - 1$ teilbar ist.

Dieser Test, der auf Michael O. Rabin und Gary L. Miller zurückgeht (**Miller-Rabin-Test**), entscheidet dann mit Wahrscheinlichkeit $1 - (\frac{1}{4})^{20}$, ob n eine Primzahl ist. Die Fehlerwahrscheinlichkeit ist folglich sehr klein.

Ein weiterer probabilistischer Primzahltest über quadratische Reste geht auf Solovay und Strassen zurück. Beide Tests wurden Mitte der 1970er Jahre entwickelt – motiviert durch die Anwendung in der Public-Key-Kryptografie. Unter Mathematikern gab es damals Akzeptanzprobleme, da probabilistische Primzahltests nicht wirklich beweisen, ob eine Zahl n Primzahl ist oder nicht. Für die Anwendung im RSA- oder Diffie-Hellman-Verfahren ist eine verschwindend kleine Fehlerwahrscheinlichkeit aber wegen des Geschwindigkeitsvorteils zu tolerieren. Diese Fehlerwahrscheinlichkeit kann leicht durch das Testen von noch mehr zufällig ausgewählten Basen weiter reduziert werden.

9.5 Diffie-Hellman-Protokoll

Angenommen zwei Personen A und B möchten einen Schlüssel tauschen. Wie können sie den Schlüssel austauschen, wenn nur öffentliche Kommunikationswege zur Verfügung stehen? Das Diffie-Hellman-Protokoll zeigt einen Weg für einen solchen Austausch auf.

Das Diffie-Hellman-Protokoll basiert auf einer sogenannten Einwegfunktion (Abschnitt 13.6). Es handelt sich dabei um eine Funktion, die einfach zu berechnen ist; die Berechnung der Umkehrfunktion ist jedoch sehr aufwendig. Diffie und Hellman haben die **diskrete Exponentialfunktion**

$$f(x) = g^x \mod p$$

verwendet. p ist eine beliebige Primzahl und $g \in \{0, \ldots, p-1\}$. $f(x)$ ist leicht zu berechnen (Abschnitt 9.8). Beide Zahlen p und g sind nicht geheim.

Person A wählt eine geheim zu haltende Zufallszahl a zwischen 0 und $p-1$ und berechnet damit $f(a)$. Person B verfährt in gleicher Weise und erzeugt eine geheim zu haltende Zufallszahl $0 \leq b \leq p-1$ und berechnet damit $f(b)$.

Person B kann mit $K = f(a)^b \mod p$ den Schlüssel berechnen, und Person A kann mit $K = f(b)^a \mod p$ den Schlüssel berechnen. Obwohl also p, g sowie $f(a)$ und $f(b)$ nicht geheim sind, sind die beiden Berechnungen für den Schlüssel identisch. Es gilt:

$$K = (g^a \mod p)^b \mod p = (g^b \mod p)^a \mod p$$

Die Grundlage für diese Gleichung liegt in der modularen Arithmetik begründet. Es gilt:

$$(g \mod p)^a \mod p = g^a \mod p.$$

Das Ergebnis von $(g \mod p)^a \mod p$ ist immer eine Zahl zwischen 0 und $p-1$, also in der Restklasse $\mathbb{Z}_p$. Nun sind

$$f(b)^a \mod p = (g^b \mod p)^a \mod p = g^{ba} \mod p$$

9.5 Diffie-Hellman-Protokoll

und

$$f(a)^b \mod p = (g^a \mod p)^b \mod p = g^{ab} \mod p$$

gleich. Da $g^{ab} = g^{ba}$ gilt, ist auch $g^{ba} \mod p$ identisch mit $g^{ab} \mod p$.

> *Beispiel 9.6.* Zur Veranschaulichung werden die Zahlen $p = 23$ und $g = 5$ gewählt. Person A berechnet den privaten Schlüssel $a = 3$ und übermittelt an Person B p, g sowie $f(a = 3) = 5^3 \mod 23 = 10$. Person B bestimmt ihren privaten Schlüssel $b = 2$ und übermittelt Person A $f(b = 2) = 5^2 \mod 23 = 2$. Nun besitzen beide Personen einen geheimen Schlüssel $K = (5^3 \mod 23)^2 \mod 23 = 8$ bzw. $K = (5^2 \mod 23)^3 \mod 23 = 8$, obwohl die Kommunikation unverschlüsselt ist.

Die Berechnung der Einwegfunktion, also des Schlüssels K, ist einfach. Jedoch ist bis heute die Berechnung der Umkehrfunktion, der sogenannte **diskrete Logarithmus**, nur über Ausprobieren möglich.

> *Beispiel 9.7.* Für
>
> $$5^x \mod 23 = 2$$
>
> wird $x = \log_5 2 \mod 23$ gesucht. Ein Logarithmus, wie er in der Analysis verwendet wird, um x zu bestimmen, existiert in der modularen Arithmetik (bisher) nicht. Also kann x nur über Ausprobieren bestimmt werden.

Wenn sehr viele Möglichkeiten existieren, ist es für einen Lauscher also schwierig, den Schlüssel K aus den bekannten Werten p, g sowie $f(a)$ und $f(b)$ zu bestimmen. Daher sind eine große Primzahl, sowie eine große Anzahl von Zahlen in $\mathbb{Z}_p$ erforderlich. Damit die Menge $\mathbb{Z}_p$, die als **zyklische Gruppe** bezeichnet wird, viele Zahlen zwischen 0 und $p - 1$ enthält, sollte g ein **Generator** z dieser Gruppe sein. g erzeugt dann alle Zahlen in $\mathbb{Z}_p$, hat also eine Sequenz der Länge 23, bevor sich die Zahlensequenz wiederholt (weitergehende Erläuterungen zu diesem Thema z. B. in [2, Abschnitt 6]).

Die Zahlen in $\mathbb{Z}_p$ sind die Reste der Form

$$g^i \mod p = \mathbb{Z}_p \quad \text{mit } i = 0, \ldots, p - 1.$$

> *Beispiel 9.8.* Ist $p = 23$, so besitzt die Gruppe $\mathbb{Z}_{23}$ die Zahlen von 0 bis 22. Wählt man zum Beispiel $g = 5$, erzeugt $5^i \mod 23$ alle Zahlen von 0 bis 22:

$5^0 \mod 23 = 1$

$5^2 \mod 23 = 2$

$5^{16} \mod 23 = 3$

$\vdots$

$5^{13} \mod 23 = 21$

$5^{11} \mod 23 = 22$

Daher wird $g = 5$ ein Generator der zyklischen Gruppe $\mathbb{Z}_{23}$ genannt. Zyklisch wird die Gruppe genannt, weil die Resteberechnungen immer zwischen 0 und $p - 1$ liegen und nach einer Sequenz von 22 erneut auftreten. Zum Beispiel liefert $5^{44} \mod 23$ wieder den Rest 1.
Wird zum Beispiel $g = 3$ gewählt, dann ist die Sequenz nur elf Zahlen lang, und es sind nicht alle Zahlen aus $\mathbb{Z}_{23}$ enthalten: 1, 3, 9, 4, 12, 13, 16, 2, 6, 18, 8. Damit ist dann natürlich die Bestimmung von a und b aufgrund der geringeren Anzahl von Möglichkeiten einfacher. $g = 3$ ist kein Generator der Gruppe $\mathbb{Z}_{23}$.

Um die Sicherheit des Protokolls gewährleisten, wird für die Primzahl p vorgeschlagen, dass sie mit $p = 2q + 1$ und der Primzahl q berechnet wird. $p - 1$ besitzt genau zwei Primfaktoren 2 und q, weil $p - 1 = 2q$ gilt.

Für g wählt man ein Element aus $1 < g < p - 1$. Ist $g^2 \not\equiv 1 \mod p$ und $g^q \not\equiv 1 \mod p$, dann ist g ein erzeugendes Element der Gruppe $\mathbb{Z}_p$. Würde $g^2 \equiv 1 \mod p$ oder $g^q \equiv 1 \mod p$ gelten, dann wäre g kein Generator von $\mathbb{Z}_p$, weil dann die Länge der Sequenz nur 2 bzw. nur q betragen würde. $g^2 - 1$ oder $g^q - 1$ wären dann Vielfache von p.

Beispiel 9.9. Für $q = 11$ ergibt sich $p = 2 \cdot 11 + 1 = 23$. Wählt man nun wie im letzten Beispiel $g = 5$, erhält man $5^2 - 1 \mod 23 = 1$ und $5^{11} - 1 \mod 23 = 21$. Also sind 5^2 und 5^{11} nicht kongruent 1 mod 23, und 5 ist ein erzeugendes Element der Gruppe $\mathbb{Z}_{23}$.
$g = 3$ ist zum Beispiel kein Generator, da $3^{11} - 1 \mod 23 = 0$ ist, und somit erzeugt $3^i \mod 23$ ($i = 0, \ldots, 22$) nicht alle Elemente von $\mathbb{Z}_{23}$.

Das Diffie-Hellman-Protokoll wird heute für die Schlüsselverteilung zum Beispiel beim Internetprotokoll Version 6 (IPv6) eingesetzt.

9.6 RSA-Verschlüsselung

Die **RSA-Verschlüsselung** baut auf der Idee des Diffie-Hellman-Protokolls mit der Einwegfunktion auf und führt neben der Schlüsselerzeugung auch eine direkte Verschlüsselung einer Nachricht ein.

Bei dem RSA-System handelt es sich um eine sogenannte **asymmetrische Verschlüsselung**. Dies bedeutet, es existieren ein öffentlicher Schlüssel und ein privater Schlüssel. Mit dem öffentlichen Schlüssel wird eine Nachricht verschlüsselt an den Empfänger gesandt, der den geheimen privaten Schlüssel zur Entschlüsselung besitzt.

Das RSASystem hat folgende Struktur zur Erzeugung des öffentlichen und des privaten Schlüsselpaars: -

1. Es werden zwei verschiedene Primzahlen p und q gewählt.
2. Aus diesen Primzahlen werden $n = p \cdot q$ und $m = (p-1) \cdot (q-1)$ berechnet. m und n sind relativ prim.
3. Es wird eine Zahl e bestimmt, die teilerfremd zu m ist.
4. Mit der Zahl e wird die Zahl d berechnet, die $e \cdot d \mod m = 1$ erfüllt. d ist also die modulare Inverse von e modulo m.
5. (n,e) ist das öffentliche Schlüsselpaar, (m,d) ist das private Schlüsselpaar. d ist geheim. p,q,m werden nicht mehr benötigt, bleiben aber auch geheim.

Eine Nachricht x wird dann mit

$$y = x^e \mod n$$

verschlüsselt und mit

$$x = y^d \mod n$$

entschlüsselt. Dass diese Ver- und Entschlüsselung gilt, kann mit dem kleinen Satz von Fermat bewiesen werden.

Die Grundidee ist, dass $y = ax \mod n$ mit der modularen Inversen b von a zum Modul n ($ab \mod n = 1$) wieder mit $x = yb \mod n$ entschlüsselt werden kann. Nun wird statt $ax \mod n$ zum Verschlüsseln $x^e \mod n$ verwendet. Die Entschlüsselung erfolgt dann nicht mit $yb \mod n$, sondern mit $y^d \mod n$, wobei d die modulare Inverse von e zum Modul m ist.

Für die Gültigkeit der Beziehung $x^{ed} \mod n = x$ wird der kleine Satz von Fermat benötigt. Es gilt $ed \mod n = 1$ und somit $ed = km + 1$. Für y^d kann man nun auch $x^{ed} = x^{km+1}$ schreiben:

$$x^{ed} \mod n = x^{km+1} \mod n$$

m ist aus $(p-1)(q-1)$ berechnet: $x^{k(p-1)(q-1)+1}$. Wird für die Übersichtlichkeit vorübergehend $l = k(q-1)$ geschrieben, dann erhält man aus dem kleinen Satz von Fermat

$$x^{l(p-1)+1} \mod p = x\, x^{l(p-1)} \mod p = \left(\underbrace{(x^{l(p-1)} \mod p)}_{=1} x \right) \mod p = x,$$

wenn $\text{ggT}(x, p) = 1$ gilt. Also gilt $x^{km+1} \mod p = x$.

Für $x^{km+1} = x^{l(q-1)+1}$ (nun mit $l = k(p-1)$) gilt analog $x^{km+1} \mod q = x$. $x^{km+1} - x$ ist also durch p und durch q und somit auch durch $n = p \cdot q$ teilbar. x^{km+1} und x sind kongruent n:

$$x^{km+1} \equiv x \mod n$$

Wie gezeigt, gelten $a^p \equiv a \mod p$ und $a^{p-1} \mod p = 1$. Übertragen auf $x^{km+1} \equiv x \mod n$ ist somit die folgende Beziehung herleitbar:

$$\left(x^{km+1} - x\right) \mod n = 0$$
$$\left(x^{km} - 1\right) x \mod n = 0$$
$$\left[\left((x^{km} - 1) \mod n\right) x\right] \mod n = 0$$
$$\left[(\underbrace{x^{km} \mod n}_{=1} - \underbrace{1 \mod n}_{=1}) x\right] \mod n = 0$$

Da die Beziehung $x^{km+1} \equiv x \mod n$ gilt, muss auch $x^{km} \mod n = 1$ gelten, da $x \mod n = x$ gilt, sofern x und n teilerfremd sind. Folglich ist

$$x^{ed} \mod n = x^{km+1} \mod n \quad \text{mit } n = pq$$
$$= \left((x^{km} \mod n) x\right) \mod n$$
$$= x.$$

Beispiel 9.10. Es werden die beiden Primzahlen $p = 11$ und $q = 7$ gewählt. n ist somit 77 und $m = 60$. Eine teilerfremde Zahl zu m ist z. B. $e = 7$. Die modulare Inverse zu 7 mod 60 ist $d = 43$.

Der öffentliche Schlüssel ist somit $n = 77$ und $e = 7$; der private Schlüssel ist $n = 77$ und $d = 43$.
Die Nachricht $x = \{2,4\}$ wird mit n und e verschlüsselt:

$$y = \{2,4\}^7 \mod 77 = \{51,60\}$$

Die Decodierung erfolgt mit

$$x = \{51,60\}^{43} \mod 77 = \{2,4\}.$$

Warum sind für p und q Primzahlen nötig? Nur dann ist eine Teilung von $x^{km+1} - x = tpq$ ohne Rest möglich, und nur dann ist die Decodierung auf x möglich. Die Sicherheit der RSA Verschlüsselung ist maßgeblich davon abhängig, große Primzahlen zu finden, sodass deren Zerlegung (Primfaktorzerlegung) nicht so schnell bestimmt werden kann.

Ferner gilt, wenn a und p nicht teilerfremd sind (also einen gemeinsamen Teiler größer 1 besitzen), dann ist $a^{p-1} \mod p = 0$. Gilt z. B. $a = p$, so ist eine Verschlüsselung nicht möglich. Daher muss p eine große Primzahl sein, damit auch große Zahlen von a verschlüsselt werden können.

9.7 Mersenne-Primzahlen

Besonders große Primzahlen haben oft die Form $2^n - 1$. Eine solche Primzahl heißt **Mersenne-Primzahl**. Dabei muss der Exponent n selbst eine Primzahl sein. Es ist jedoch nicht für jede Primzahl p die Zahl $M_p = 2^p - 1$ ebenfalls Primzahl.

Beispiel 9.11. $M_2 = 2^2 - 1 = 3$, $M_3 = 2^3 - 1 = 7$, $M_5 = 2^5 - 1 = 31$ und $M_7 = 2^7 - 1 = 127$ sind Mersenne-Primzahlen.
$M_{11} = 2^{11} - 1 = 2047 = 23 \cdot 89$ ist jedoch keine Primzahl.

Im Gegensatz zum Fermat-Test, der wegen der Existenz von Pseudoprimzahlen nicht immer korrekt entscheidet, gibt es für die Mersenne-Primzahlen einen Test, der immer korrekt entscheidet, ob $2^p - 1$ Primzahl ist oder nicht: den **Lucas-Lehmer-Test**.
Man konstruiert die Folge $a(n), n = 1,2,\ldots$ wie folgt: Anfangswert ist $a(1) = 4$. Ferner ist für $n = 2,3,\ldots$ dann $a(n) = a(n-1)^2 - 2$. Damit gilt folgendes Kriterium:

$$M_p = 2^p - 1 \text{ ist Primzahl genau, wenn } a(p-1) \equiv 0 \mod M_p.$$

Beispiel 9.12. $a(2) = 4^2 - 2 = 14$. Die dritte Mersenne-Zahl ist $M_3 = 2^3 - 1 = 7$. Zu prüfen ist, ob $a(2)$ durch 7 teilbar ist. Dies ist offensichtlich der Fall. 7 ist eine Primzahl.
Aus $a(3) = 14^2 - 2 = 194$ berechnet sich $a(4) = 194^2 - 2$. Es gilt:

$$a(4) = 194^2 - 2 \equiv (194 \mod 31)^2 - 2 \equiv 8^2 - 2 \equiv 0 \mod 31$$

31 kann als $2^5 - 1$ geschrieben werden. 31 ist eine Primzahl.

Die größten bekannten Primzahlen sind in der Regel Mersenne-Primzahlen. Zum Auffinden solcher Rekord-Primzahlen gibt es das GIMPS-Projekt. GIMPS steht dabei für Greatest Internet Mersenne Prime Search. Unter der Web-Adresse www.mersenne.org kann man dazu die entsprechende Software herunterladen und auf seinem Computer installieren. Die Suche wird dann weltweit verteilt. Der Nutzer, auf dessen Rechner die nächste Rekord-Primzahl gefunden wird, erhält eine Belohnung.

Die Zahlenfolge $a(n)$ hängt eng mit den Lucas-Zahlen zusammen (Übung 12.1). Mersenne-Primzahlen haben eine weitere schöne Eigenschaft. Es ist nämlich die Zahl $m = 2^{n-1} \cdot (2^n - 1)$ vollkommen, wenn $2^n - 1$ eine Primzahl ist. Vollkommen heißt, dass m die Summe seiner Teiler ist.

Beispiel 9.13. $2 \cdot (2^2 - 1) = 6$ ist vollkommen, denn es gilt $6 = 1 + 2 + 3$. Auch $2^2 \cdot (2^3 - 1) = 28$ ist vollkommen, denn es gilt $28 = 1 + 2 + 4 + 7 + 14$.

9.8 Schnelles Exponenzieren

Um $x^e \mod n$ zu berechnen, ist aufgrund der Größe der Zahlen i. d. R. die Bildung des modularen Produkts notwendig:

$$y = x^e \mod n = (\underbrace{x\,x\cdots x}_{e\text{-mal}}) \mod n$$

$$= \underbrace{\Big(\big((x \mod n)x \mod n\big)x \mod n \cdots \Big) x \mod n}_{e\text{-mal}}$$

Mit der Anwendung der Rechengesetze der Potenzrechnung kann x^e schnell berechnet werden.

9.8 Schnelles Exponenzieren

Beispiel 9.14. Das Ergebnis von 3^8 kann zerlegt werden in $3^4 \cdot 3^4$. 3^4 ist $3^2 \cdot 3^2$. Somit ist $3^4 = 81$ und $3^8 = 81 \cdot 81 = 6561$. Ebenso kann die Berechnung von 3^9 in $3^8 \cdot 3$ in $6561 \cdot 3 = 19683$ aufgeteilt werden.

R-Code 9.4. Programmanweisungen für schnelles Exponenzieren für x^e:

```
fastpotenz <- function(x,e){
  if (e < 0) return(cat("e muss positiv sein"))
  result <- 1
  while (e > 0){
    if (e %% 2 == 1){
      result <- result * x
      e <- e - 1
    }
    else {
      x <- x * x
      e <- e %/% 2
    }
  }
  return(result)
}

fastpotenz(3,16)
```

Nun kann das schnelle Exponenzieren auch auf x^e mod n angewendet werden. Es gilt für

$$a^2 \mod n = (a \mod n) a \mod n$$
$$= ra \mod n = (a \mod n) r \mod n \quad \text{mit } r = a \mod n$$
$$= r^2 \mod n = ((a \mod n)(a \mod n)) \mod n.$$

Für a^4 mod n kann ebenso verfahren werden wie für alle weiteren geraden Potenzen:

$$a^e \mod n = (a^{\frac{e}{2}} \mod n) a^{\frac{e}{2}} \mod n$$
$$= ((a^{\frac{e}{2}} \mod n)(a^{\frac{e}{2}} \mod n)) \mod n \quad \text{für } n \text{ gerade}$$

Beispiel 9.15. Die Berechnung von 5^4 mod 15 kann zerlegt werden in (5^2 mod 15) 5^2 mod 15. Das Ergebnis von 5^2 mod 15 ist $((5 \mod 15)(5$

mod 15)) mod 15 = 25 mod 15 = 10. Nun kann das Ergebnis rekursiv berechnet werden. Mit 5 mod 15 kann 5^2 mod 15 berechnet werden. Mit 5^2 mod 15 = 10 kann 5^4 mod 15 = 100 mod 15 = 10 bestimmt werden.

Liegt eine ungerade Potenz vor, z. B. a^3 mod n, so kann diese aufgespalten werden in $(a^2 \bmod n)a \bmod n$.

Beispiel 9.16. 5^5 mod 15 ist also $(5^4 \bmod 15)5 \bmod 15 = 10 \cdot 5$ mod 15 = 5.

R-Code 9.5. Programmanweisungen für schnelles modulares Exponenzieren für x^e mod n:

```
modpotenz <- function(x,e,m){
  if (e < 0) return(cat("e muss positiv sein"))
  result <- 1
  while (e > 0){
    if (e %% 2 == 1){
      result <- (result * x) %% m
      e <- e - 1
    }
    else {
      x <- (x * x) %% m
      e <- e %/% 2
    }
  }
  return(result)
}

modpotenz(60,43,77)
```

9.9 Public-Key-Kryptologie

Kryptosysteme, die zum Verschlüsseln und Entschlüsseln denselben Schlüssel benutzen, nennt man **symmetrische** oder **Secret-Key-Verfahren**. So wird etwa beim Caesar-System jeder Buchstabe im Alphabet zur Verschlüsselung um 3 Positionen verschoben und zum Entschlüsseln wieder um drei Positionen zurück verschoben. Die Zahl 3, die dann modulo 26 addiert bzw.

9.9 Public-Key-Kryptologie

subtrahiert wird, ist der geheime Schlüssel, den nur Sender und Empfänger kennen sollen.

Werden zum Ein- und Decodieren verschiedene Schlüssel benutzt, wie etwa beim RSA-Verfahren die Zahlen e und d, so spricht man von einem **asymmetrischen** oder **Public-Key-Verfahren**. Der Schlüssel e kann ja öffentlich bekannt gegeben werden. Ein Gegner kann ohne den privaten Schlüssel d die Nachricht nicht wieder entschlüsseln.

Wegen dieses Vorteils haben sich die Public-Key-Kryptosysteme in der Praxis durchgesetzt. Die Geheimhaltung des Schlüssels stellt bei Secret-Key-Verfahren ein großes Problem dar, das etwa bei Kommunikation über das Internet nicht überzeugend gelöst werden kann.

Trotzdem sind auch Secret-Key-Verfahren weiterhin im Gebrauch, denn sie arbeiten wesentlich schneller. Dies liegt daran, dass oft einzelne Bits oder kleine Blöcke von Bits miteinander verknüpft werden, während Public-Key-Verfahren in der Regel auf Berechnung modulo großer Zahlen bestehen.

Bausteine moderner Public-Key-Kryptosysteme

Moderne Public-Key-Kryptosysteme versuchen, die Vorteile zu kombinieren, was dazu führt, dass neben den asymmetrischen Verfahren auch weiterhin symmetrische Verschlüsselung benutzt wird. Dritter wichtiger Baustein sind die **Hashfunktionen** (Kapitel 10). Aus diesen Bausteinen werden dann weitere Verfahren kombiniert. Wichtige Systeme in der Praxis sind:

Symmetrische Systeme	DES (Digital Encryption Standard), AES (Advanced Encryption Standard), IDEA, Blowfish
Asymmetrische Systeme	RSA, Diffie-Hellman bzw. El Gamal, Elliptische-Kurven-Systeme
Hashfunktionen	SHA, MD5

Hybride Verschlüsselung und digitaler Umschlag

In der hybriden Verschlüsselung macht man sich die jeweiligen Vorteile der symmetrischen und asymmetrischen Verfahren zunutze. Verschlüsselt wird symmetrisch, da dies wesentlich schneller geht. Um den Schlüssel geheim zu halten, wird dieser vorab mithilfe eines asymmetrischen Verfahrens zwischen Sender und Empfänger ausgetauscht. Der symmetrische Schlüssel wird sozusagen im digitalen Umschlag ausgetauscht. Hybride Systeme sind etwa die Verschlüsselung im Internet via SSL oder das bekannte PGP (Pretty Good Privacy).

Digitale Unterschriften

Bei digitalen Unterschriften werden (in der Regel) asymmetrische Verschlüsselung und Hashfunktionen kombiniert. Das Prinzip ist, dass hier die Rollen von privatem und öffentlichem Schlüssel vertauscht werden. Mit dem privaten Schlüssel wird eincodiert (unterschrieben), mit dem öffentlichen Schlüssel wird decodiert und dann verifiziert.

Die Funktionsweise einer digitalen Unterschrift wird am Beispiel der RSA-Unterschrift mit öffentlichem Schlüssel (n,e) und privatem Schlüssel d illustriert.

Beispiel 9.17. Soll ein Text t unterschrieben werden, so wird zunächst der Hashwert $x = h(t)$ berechnet. Dieser Hashwert wird dann mit dem privaten Schlüssel d eincodiert, es wird also $y = x^d \mod n$ berechnet. y wird als digitale Unterschrift an den Text m angehängt. Der Empfänger kann verifizieren, dass die Unterschrift wirklich vom Empfänger stammt, indem er zwei Rechnungen durchführt und dann verifiziert, ob diese zum selben Ergebnis kommen. Zunächst kann er wie der Sender den Hashwert $x = h(m)$ berechnen. Als zweite Rechnung führt er nun mit dem öffentlichen Schlüssel $y^e \mod n$ durch. Ist das Ergebnis x, so kann er sicher sein, dass diese Rechnung nur mit dem privaten Schlüssel des Absenders durchgeführt worden sein kann.

Public-Key-Infrastrukturen und Trusted Authorities

Mit der Vorstellung von symmetrischen und asymmetrischen Verschlüsselungsverfahren sowie von Hashfunktionen sind die theoretischen Grundlagen der Kryptografie im Prinzip bereitgestellt. Bei der praktischen Umsetzung ist jedoch Vorsicht geboten. So gibt es gewisse Einschränkungen an die Wahl der Primzahlen zur Schlüsselerstellung, und auch die öffentlichen und privaten Schlüssel in asymmetrischen Systemen sollten etwa eine bestimmte Größenordnung besitzen. Auch bei symmetrischen Systemen sollten die Schlüssel mit sehr guten Zufallszahlengeneratoren erzeugt werden.

Hier setzen in der Praxis häufig sogenannte **Trusted Authorities** oder Trust Center an, die im Auftrag und oft gegen Gebühren die Public-Key-Infrastrukturen bereitstellen. Dazu gehören etwa:

- Verteilung privater Schlüssel
- Speichern und Hinterlegen von Schlüsseln auf sicheren Servern
- Erstellung von Zertifikaten
- Erstellung von Zeitstempeln (Time Stamps)
- Erstellung von Pseudonymen

Diese Liste ist nicht exklusiv, reicht aber zur Diskussion der Blockchain im folgenden Kapitel aus. Ein weiteres Problem ist die Haftung, falls doch einmal ein Schlüssel gebrochen wird. Beweisbare Sicherheit gibt es letztendlich nicht.

9.10 Übungen

Übung 9.1. Erklären Sie die modulare Inverse und deren Bedeutung bei der Codierung.

Übung 9.2. 1. Chiffrieren Sie das Wort klausur mit der Cäsar-Chiffre $s = 19$ und $t = 17$. Warum kann der Faktor 17 verwendet werden, aber zum Beispiel nicht der Faktor 8?

2. Dechiffrieren Sie den folgenden Code ($s = 19, t = 17$):

$$25, 16, 11, 13, 5, 13, 14$$

Übung 9.3. Berechnen Sie für die Primzahlen $p = 13$ und $q = 7$ das RSA-Schlüsselpaar.

Übung 9.4. Berechnen Sie 7^{29} mod 37 durch schnelles Exponenzieren möglichst ohne Taschenrechner.

Übung 9.5. Berechnen Sie den Schlüssel im Diffie-Hellman-Protokoll für die Basis $g = 7$ und die geheimen Zahlen $a = 29$ und $b = 5$.

Übung 9.6. Eine Zahl n heißt Pseudoprimzahl zur Basis a, wenn $a^{n-1} = 1$ modulo n ist, obwohl n keine Primzahl ist. Zeigen Sie, dass $n = 341$ Pseudoprimzahl zur Basis 2 ist.

Kapitel 10
Hashfunktion und Blockchain

Inhalt

10.1	Einleitung	133
10.2	Hashfunktion	134
10.3	Kryptografische Hashfunktionen	136
10.4	Blockchain	138
10.5	Übungen	141

10.1 Einleitung

Hashfunktionen sind neben den symmetrischen und asymmetrischen Kryptoverfahren der dritte wichtige Baustein zur Konstruktion von Algorithmen in der Kryptologie. So werden etwa bei digitalen Unterschriften die Hashwerte des zu unterschreibenden Textes signiert.

Eine Hashfunktion ordnet einem beliebig langen Originaltext einen Text fester Länge – den sogenannten Hashwert oder Message Digest – zu, der aus dem Originaltext durch mathematische Verfahren berechnet wird. In der Regel ist der Message Digest sehr kurz, in der Praxis etwa zwischen 128 Bits und 512 Bits.

Das englische *to hash* bedeutet „zerhacken" und beschreibt eine spezielle Art der Speicherung der Elemente einer Menge durch Zerlegung des Originaltextes.

Die Hauptaufgabe der Hashfunktionen ist die Absicherung gegen betrügerische Änderungen des Originaltextes. Dies wird durch sogenannte kryptografische Hashfunktionen erreicht, die wir nicht exakt definieren werden. Anhand einiger Beispiele wird im nächsten Abschnitt jedoch klar werden, welche Eigenschaften wir erwarten. In der Tat sind die Hashfunktionen, die

© Springer-Verlag GmbH Deutschland, ein Teil von Springer Nature 2019
W. Kohn und U. Tamm, *Mathematik für Wirtschaftsinformatiker*,
https://doi.org/10.1007/978-3-662-59468-1_10

in der Praxis verwendet werden, wie MD5 oder SHA, auch nicht beweisbar sicher [4].

Anschließend werden wir einige Anwendungen, wie die Codierung von Passwörtern, den Schutz von Downloads vor Viren oder das dem Mining von Bitcoins zugrunde liegende mathematische Puzzle, vorstellen.

Vor allen Dingen sind Hashfunktionen auch ein wichtiger Baustein von **Blockchains**. Zusammen mit der bekannten Zeiger-Datenstruktur ergibt sich damit der **Hash Pointer**, der eine Datenbank gegen betrügerische Manipulationen absichert.

10.2 Hashfunktion

Eine Hashfunktion h ist eine Abbildung, die eine Eingabemenge K auf eine Zielmenge S mit fester Länge, der sogenannte **Hashwert**, abbildet:

$$h : K \to S$$

> *Beispiel 10.1.* Aus der Eingabe $x = 93715840494738502845039388$47 soll ein Hashwert $h(x)$ konstruiert werden, der genau vier Dezimalstellen enthält. Eine einfache Lösung wäre es, einfach die letzten vier Stellen des Originaltextes abzuschneiden, hier also $h(x) = 8847$, zu wählen.

Für einige Anwendungen, etwa zum Vergleich zweier großer Files, mag dies eine befriedigende Lösung sein. Sollten Änderungen zufällig auftreten, so lassen unterschiedliche Hashwerte jedenfalls auf unterschiedliche Files schließen.

Gegen manipulierte Änderungen ist dies aber keine besonders gute Wahl. Ein Gegner könnte einfach den Text an Stellen außerhalb des ausgeschnittenen Bereichs (dies müssen auch nicht unbedingt die letzten Ziffern sein) verändern, ohne dass sich dabei der Hashwert ändert.

Eine Möglichkeit gegen solche Manipulationen ist, eine Codierung zu wählen, die alle Buchstaben oder Ziffern des Textes mit einbezieht. Ein einfaches Beispiel ist eine Prüfsumme (Checksum).

> *Beispiel 10.2.* Unser Originaltext $x = 93715840494738502845039388$47 wird in Blöcke eingeteilt. Um wieder genau vier Dezimalstellen zu bekommen, werden diese Blöcke modulo 10000 aufsummiert. Hier ist dann etwa der Hashwert

10.2 Hashfunktion

$$h(x) = (9371 + 5840 + 4947 + 3850 + 2845 + 0393 + 8847) \mod 10000$$
$$= 36093 \mod 10000 = 6093.$$

Die Hash-Funktion wird in der Informatik oftmals in Form eines Algorithmus (Hash-Algorithmus) statt einer mathematischen Funktion angegeben.

R-Code 10.1. Ein sehr einfacher Hash-Algorithmus ist beispielsweise die Umwandlung von Zeichen in Zahlen und der modulo-Berechnung der Summe:

```
hash <- function(k, m){
   if (!is.character(k)) return("s muss String sein")
   # String in einzelne Buchstaben aufteilen
   k.split <- noquote(strsplit(k, NULL)[[1]])

   x <- 0
   for (i in 1:nchar(k)){
      x <- x + strtoi(k.split, base = 36)[i]
   }
   s <- x %% m
   return(sprintf("%02d", s))
}

hash("Mickey", m = 19)
# Ergebnis
06
```

Aus dem Text „Mickey" wird mittels des Hash-Algorithmus der Hashwert 06 erzeugt. Der Text „Goofy" liefert den Hashwert 18.

Eine gute Hashfunktion liefert für unterschiedliche Eingaben unterschiedliche Hashwerte. Ein Hashwert wird deshalb auch als „Fingerprint" bezeichnet, da er eine eindeutige Kennzeichnung einer größeren Datenmenge darstellt, wie ein Fingerabdruck einen Menschen nahezu eindeutig identifiziert.

Da die Menge der möglichen Hashwerte meist kleiner als die der möglichen Eingaben ist, treten für verschiedene Eingaben identische Hashwerte auf. Dies wird **Kollision** genannt. Deshalb muss es Verfahren zur Kollisionserkennung geben. Eine gute Hashfunktion zeichnet sich dadurch aus, dass sie für die Eingaben möglichst wenig Kollisionen erzeugt.

Beispiel 10.3. In dem obigen Algorithmus erzeugen zum Beispiel die Texte „Trick" und „Dagobert" beide den Hashwert 11. Dies ist eine Kollision.

10.3 Kryptografische Hashfunktionen

Prüfsummen, etwa ISBN- oder CRC-Codierung (Kapitel 8), sind weitere Methoden, um Manipulationen am Originaltext zu erkennen. Leider sind all diese Verfahren nicht sonderlich sicher gegen Betrug. Zwar wird sich bei Abänderung des Textes sehr wahrscheinlich auch der Hashwert ändern, was die Manipulation erkennen lässt, aber ein Betrüger kann diese Änderung des Hashwertes leicht wieder korrigieren. Wenn etwa in unserem Beispiel 10.2 der vierte Block 3850 ein Geldbetrag ist, den ein Betrüger zu seinen Gunsten auf 4850 aufstockt, so ändert sich zunächst der Hashwert auf 7093. Die Subtraktion von 1000 in einem anderen Block – eine Abänderung nur einer weiteren Ziffer (z. B. 1845 statt 2845 im nächsten Block) – führt wieder zurück zum Hashwert 6093.

Hier setzen **kryptografische Hashfunktionen** an, die den Text so codieren, dass es praktisch unmöglich ist, zwei Texte x und y mit demselben Hashwert $h(x) = h(y)$ zu finden. *Praktisch unmöglich* heißt dabei, dass es sehr lange dauert, bis ein solches Paar x und y gefunden wird. Die Berechnung des Hashwertes $h(x)$ etwa erfolgt in einigen Millisekunden, während das Auffinden von y mit den schnellsten Rechnern einige Jahre dauern kann.

Dahinter steckt wieder das Prinzip der **Einwegfunktion** (siehe auch Abschnitt 13.6), das wir schon bei asymmetrischen Kryptosystemen kennen gelernt haben. Mathematisch beweisen kann man die Existenz kryptografischer Hashfunktionen nicht; bis heute sind die besten bekannten Angriffsmethoden jedoch nicht viel schneller als die Brute-Force-Suche, das simple Ausprobieren aller möglichen y, bis man zufällig ein passendes gefunden hat. Die Länge des für Blockchains und Kryptowährungen relevanten Hashwertes ist zurzeit 256 Bits, womit man 2^{256}, also ca. 10^{77} verschiedene Hashwerte, darstellen kann.

Die dort benutzte Hashfunktion heißt SHA-256, wobei SHA für Secure Hash Algorithm steht. Ein weiterer bekannter Algorithmus ist MD5. Wir können hier nicht auf das genaue Design eingehen, das übrigens auch Mathematikexperten nicht unbedingt genau verstehen. Es sei jedoch gesagt, dass Textblöcke permutiert und mit sehr schnellen arithmetischen Operationen verrechnet werden. Die Berechnung des Hashwertes kann durch spezielle Hardware noch erheblich beschleunigt werden, da etwa Permutationen sehr

10.3 Kryptografische Hashfunktionen

gut in Chips verdrahtet werden können. Die Zahl 256 steht für die Länge des Hashwertes in Bits und kann bei Bedarf erhöht werden, etwa auf 512.

Kryptografische Hashfunktionen wie SHA oder MD5 besitzen noch weitere wünschenswerte Eigenschaften. So haben kleine Änderungen des Originaltextes wie Ersetzen oder Vertauschen weniger Buchstaben drastische Änderungen des Hashwertes zur Folge.

Es sei noch erwähnt, dass die Hashfunktion den Originaltext x direkt – also ohne Verwendung eines Schlüssels – eincodiert. Es handelt sich somit nicht um eine Verschlüsselung im eigentlichen Sinne. Dieser Begriff wird leider bei der Diskussion von Blockchains in den Medien in diesem Zusammenhang oft missverständlich benutzt.

Beispiel 10.4. Codierung von Passwörtern: In der pwd-Datei werden die Passwörter nicht im Klartext, sondern durch ihren Hashwert abgespeichert. Da es praktisch unmöglich ist, ein weiteres Passwort mit demselben Hashwert zu finden, bleibt einem Angreifer nichts anderes übrig, als durch Ausprobieren aller Kombinationen so lange zu suchen, bis er das richtige Passwort gefunden hat. Deshalb soll man den Suchraum durch möglichst lange Passwörter mit Ziffern und Sonderzeichen auch möglichst groß gestalten. Die pwd-Datei kann in vielen Systemen leicht ausgelesen werden. Der Schutz entsteht hier also durch die private Kenntnis eines Passwortes, welches nicht schnell durch Brute-Force-Suche gefunden werden kann.

Beispiel 10.5. Absicherung von Downloads gegen Schadsoftware: Beim Download freier Software ist es üblich, den Hashwert der Originaldatei anzugeben. So kann der Nutzer nach dem Download die Datei erneut hashen und die beiden Werte vergleichen. Hat es inzwischen eine Manipulation gegeben, so wird sich der Hashwert verändert haben. Wegen der Eigenschaften der kryptografischen Funktionen ist es einem Angreifer auch nicht möglich, diesen Hashwert wieder zu „korrigieren".

Beispiel 10.6. Digitale Unterschriften: Um einen Text x digital zu unterschreiben, wird zunächst dessen Hashwert $h(x)$ berechnet. Dieser wird dann verschlüsselt. Der Empfänger kann verifizieren, ob die Unterschrift korrekt ist, indem er sie wieder entschlüsselt und dann mit dem Hashwert des Textes vergleicht. In asymmetrischen Systemen wird dabei der Hashwert mit dem privaten Schlüssel verschlüsselt und die Unterschrift mit dem öffentlichen Schlüssel wieder entschlüsselt.

Beispiel 10.7. Mining von Bitcoins und anderen Kryptowährungen: In Kryptowährungen wie Bitcoin muss zum Auffinden (Schürfen oder Mining) neuer Bitcoins ein Puzzle gelöst werden – **Proof of Work**. Dieses Puzzle besteht im Wesentlichen darin, eine Zahl x zu finden, deren Hashwert $h(x)$ mit einer großen Anzahl Nullen beginnt. Der Schwierigkeitsgrad des Puzzles kann leicht durch Herauf- oder Herabsetzen dieser Zahl führender Nullen verändert werden. Auch diese Aufgabe kann bei kryptografischen Hashfunktionen wie SHA-256, die beim Bitcoin Mining verwendet wird, bisher nur durch Brute-Force-Methoden bewältigt werden. Dazu werden spezielle Chips konstruiert und viele Rechner parallel geschaltet, sodass in geeigneten Rechnerparks diese Hashfunktion wesentlich schneller berechnet werden kann als mit normalen Computern oder auch Großrechnern. Da Kühlung und Energieverbrauch sehr teuer sind, steht dieser Proof-of-Work-Ansatz zum Schürfen von Bitcoins sehr stark in der Kritik.

10.4 Blockchain

Die Blockchain hat sich in letzter Zeit als ideales Buchhaltungssystem für digitale Daten herauskristallisiert. Insbesondere basiert die Kryptowährung Bitcoin auf der Blockchain als Instrument zur Speicherung von Transaktionen. Diese Verbindung ist so eng, dass Bitcoin und Blockchain oft in einem Atemzug genannt werden. Die Blockchain ist jedoch völlig unabhängig von Kryptowährungen anwendbar. Drei Eigenschaften, die häufig von einer Blockchain verlangt werden, sind jedoch bei der Speicherung von Geldtransaktionen sehr wesentlich und werden vielfach zur Charakterisierung von Blockchains verwendet:

- Die Transaktionen werden nicht zentral, sondern verteilt in einem Peer-to-Peer-Netzwerk gespeichert.
- Veränderungen des Inhalts werden entdeckt.
- Transaktionen werden mit einem Zeitstempel versehen.

Eine Blockchain ist eine Liste (*linked list*) von Hash Pointern. Blockchains werden oft mit weiteren Eigenschaften versehen (s. oben). Insbesondere wird die Datenbank aller Transaktionen, etwa bei Bitcoin auch als Blockchain, bezeichnet. In unserem Sinne wäre dies eher die Datenbank der Transaktionen basierend auf der Blockchain als grundlegende Datenstruktur. Da diese Sprachweise sich allerdings durchgesetzt hat, wird im Folgenden der Ausdruck Blockchain auch für eine Datenbank benutzt.

10.4 Blockchain

Insbesondere in den Medien werden oft noch weitere Eigenschaften genannt, beispielsweise:

- Verschlüsselung der Daten und
- digitale Unterschriften für einzelne Transaktionen.

Diese Vielzahl von Eigenschaften lässt eine Definition leider nicht sehr transparent erscheinen, sodass wir hier dem Buch von Narayanan et al. [9] folgen werden, in welchem die Blockchain als spezielle Datenstruktur eingeführt wird. Dazu werden zwei wohlbekannte Konzepte in der Informatik verknüpft: Zeiger (Pointer) und Hashfunktionen.

Zeiger und Listen Zur Speicherung von Datensätzen in einer Datenbank gibt es zwei grundlegende Datenstrukturen: Felder und Listen. In einem Feld (*array*) werden die Datenblöcke in benachbarten Speicherzellen abgelegt; in der Liste wird zusätzlich zu jedem Datenblock noch ein Zeiger auf den vorherigen Datenblock (im Wesentlichen dessen Speicheradresse) benötigt. Dies erleichtert insbesondere Funktionen wie Einfügen, Löschen oder Sortieren, denn die Datenblöcke müssen jetzt nicht mehr verschoben werden. Es werden stattdessen nur noch die Zeiger abgeändert (in der Informatik sagt man auch „verbogen").

Über Zeiger lassen sich auch weitere wichtige Datenstrukturen wie Bäume oder Graphen im Computer realisieren (Anhang A). Dies ist nicht das Thema dieser kurzen Einführung. Es sei allerdings darauf hingewiesen, dass durch das Ersetzen der Zeiger durch Hash Pointer die sogenannten Merkle Trees erhalten werden, die bei der Verwaltung der auf Blockchains basierenden Datenbanken eine sehr wichtige Rolle spielen.

Durch den Einsatz von Zeigern lässt sich eine Blockchain natürlich leicht auch auf verschiedene Rechner verteilen: Der Zeiger muss ja nicht notwendig eine Speicheradresse auf demselben Rechner adressieren. Hierzu benötigt man eigentlich nicht einmal die Hashfunktion. Eine Dezentralisierung der Daten ist also direkt durch die gegebene Datenstruktur möglich.

Hash Pointer Sind die Daten mit Zeigern versehen, besteht der Datenblock also aus den eigentlichen Daten sowie einem Kopf (Header), in welchem die Speicheradresse eines weiteren Datenblocks abgelegt ist. Versieht man diesen Header zusätzlich mit dem Hashwert des anderen Datenblocks (gehasht werden dabei Daten und Header zusammen), erhält man damit einen Hash Pointer.

Der große Vorteil der Hash Pointer ist die Absicherung gegen Manipulationen. Wird ein Datenblock mutwillig abgeändert (indem etwa ein Dieb eine Bitcoin auf seinen Namen umschreiben möchte), so ändert sich automatisch der Hashwert, und dies pflanzt sich fort durch alle Nachfolger in der Liste, da die Hashwerte jeweils im Kopf der Datenblöcke abgelegt sind und diese Header auch wieder in den nachfolgenden Hash mit eingebunden werden. Durch den Einsatz kryptografischer Hashfunktionen, in der Regel SHA-256, ist ein Ausgleichen der Änderung (also eine Korrektur des Hashwertes) in keinem der nachfolgenden Blöcke möglich.

Sowohl die eingesetzten Hash-Funktionen als auch deren Schutzfunktion gegen Manipulationen haben sich in der Praxis durch den langjährigen intensiven Einsatz bei Bitcoin und anderen Kryptowährungen als sehr sicher erwiesen. Beweisbare Sicherheit gibt es letztendlich nicht, aber die Probleme, die über Bitcoin und deren Blockchain berichtet wurden, stehen jedenfalls nicht in Zusammenhang mit dieser Schutzfunktion.

Übrigens wird mit einer Hash-Funktion nur erkannt, ob ein Datenblock manipuliert wurde. Eine Aussage über die genaue Art der Manipulation ist durch die Hashfunktion nicht möglich.

In der Regel wird eine Blockchain dezentral verwaltet. Für die meisten Anwendungen, insbesondere bei Kryptowährungen, ist diese dezentrale Struktur auch unumgänglich. Diese dezentrale Datenbank muss aber regelmäßig zu einer zentralen Datenbank zusammengeführt werden, mit welcher dann Verwaltungs- und Kontrollaufgaben vorgenommen werden. Hier finden u. a. die oben erwähnten Merkle Trees eine Anwendung. Transaktionen müssen häufig auch vor ihrer Freigabe geprüft werden.

Ein weiterer wichtiger Aspekt, der oft direkt von einer Blockchain verlangt wird, ist die Versehung der Transaktionen mit einem Zeitstempel. Dies ist ein sehr komplizierter Prozess, den wir hier nicht näher darstellen möchten. Prinzipiell gibt es für die Erstellung eines Zeitstempels zwei Möglichkeiten. Üblicherweise wird dieser durch eine Instanz, der alle Parteien vertrauen (Trusted Authority, etwa ein Trust Center wie in Abschnitt 9.9 beschrieben) vergeben. Für die meisten Blockchain-Anwendungen ist dieser Prozess jedoch zu langwierig, sodass der Zeitstempel hier durch die zeitliche Ordnung der Transaktionen und die entsprechende Taktung durch deren Frequenz vergeben wird.

Ein grundlegendes Konzept bei Bitcoin ist die dezentrale Verwaltung durch ein Peer-to-Peer-Netzwerk. Die oben erwähnten Aufgaben werden also nicht von einer zentralen Instanz, sondern von einer Gruppe von Peers übernommen. Sie fügen regelmäßig die verteilte Datenbank zu einer Kopie zusammen, die für jedermann einsehbar ist, und bewerten die Transaktionen. Übrigens führen sie bei Bitcoin auch das Mining durch. Dieses Konzept ist möglicherweise nicht für alle Anwendungen nötig, sodass etwa ein Unternehmen, welches Blockchain-Lösungen anbietet, diese Verwaltungsaufgaben auch zentral ausführen kann.

In den Medien wird oft sehr unsauber über den Einsatz kryptografischer Verfahren im Zusammenhang mit der Blockchain berichtet. Insbesondere bezieht sich der Ausdruck „Verschlüsselung" dort sehr oft auf die Hashfunktion, die ja keinen Schlüssel benötigt. Ein Schlüssel bietet zusätzliche Angriffspunkte (z. B. durch schwache Primzahlen oder Zufallszahlengeneratoren bei der Generierung oder durch unsaubere Speicherung bzw. Weitergabe), welche beim Diebstahl großer Beträge in Kryptowährungen sehr wohl schon ausgenutzt wurden. Trotzdem kann es oft nötig sein, sensible Daten zu verschlüsseln oder Transaktionen mit einer digitalen Unterschrift zu versehen. Dies findet jedoch in den Datenblöcken statt und ist eigentlich nicht direkt Teil der Blockchain, so wie sie hier präsentiert wurde.

10.5 Übungen

Übung 10.1. Die Abbildung $f(x) = x \mod \lceil \log x \rceil$ bildet offensichtlich einen Text x auf einen wesentlich kürzeren Text $f(x)$ ab. Wieso ist f aber keine Hashfunktion?

Übung 10.2. Zeigen Sie, dass der CRC-Kontrollcode eine Hashfunktion, aber keine kryptografische Hashfunktion darstellt.

Übung 10.3. Analysieren Sie noch einmal genau den Schutzmechanismus beim Abspeichern der Passwörter durch deren Hashwert.

Übung 10.4. Mit sogenannten Proof-of-Stake-Verfahren werden neue Bitcoins nicht mehr wie beim Proof of Work durch Lösen eines schwierigen Puzzles, sondern im Wesentlichen durch den Nachweis der Fähigkeit zur Lösung dieses Puzzles geschürft. Ein Miner, der über 30 Prozent der Bitcoins verfügt, hat dann etwa durch ein Losverfahren eine 30-prozentige Chance, die nächste Bitcoin zu schürfen (mit dieser Wahrscheinlichkeit findet er beim Proof of Work als Erster die Lösung des Puzzles). Warum wird der Proof of Stake Ansatz wohl in Zukunft den Proof of Work ersetzen? Welche Schwierigkeiten können beim Proof of Stake auftreten?

Übung 10.5. In Kryptowährungen werden die Transaktionen durch eine Blockchain verwaltet. Welche Angriffe können Sie sich vorstellen, wenn das Geld nur noch digital und nicht mehr in Hardware (wie Münze oder Banknote) vorliegt?

Teil III
Diskrete Mathematik

Kapitel 11
Enumerative Kombinatorik

Inhalt

11.1	Einleitung	145
11.2	Permutation	146
11.3	Variation	148
11.4	Kombination	149
11.5	Kombinatorische Berechnungen	151
11.6	Münzwechselproblem	152
11.7	Fibonacci- und Catalan-Zahlen	158
11.8	Übungen	163

11.1 Einleitung

Die Kombinatorik ist die Grundlage vieler statistischer und wahrscheinlichkeitstheoretischer Vorgänge. Sie untersucht, auf wie viele Arten man n verschiedene Dinge anordnen kann bzw. wie viele Möglichkeiten es gibt, aus der Grundmenge von n Elementen m auszuwählen. Sie zeigt also, wie richtig „ausgezählt" wird. Eine gute Darstellung steht ist etwa in [7].

In diesem Kapitel nehmen wir Bezug auf die in Abschnitt 5.5 erklärten Grundlagen zum Binomialkoeffizienten. Im Folgenden werden drei Klassen von kombinatorischen Fragestellungen behandelt:

1. Bildung von unterscheidbaren Reihenfolgen (Permutationen),
2. Auswahl verschiedener Elemente, wobei es auf die Reihenfolge der Ziehung ankommt (Variationen)
3. Ziehung verschiedener Elemente ohne Berücksichtigung der Reihenfolge (Kombinationen).

11.2 Permutation

Eine Anordnung von n Elementen in einer bestimmten Reihenfolge heißt Permutation. Die definierende Eigenschaft einer Permutation ist die Reihenfolge, in der die Elemente angeordnet werden.

Man muss den Fall, dass alle n Elemente unterscheidbar sind, von dem Fall, dass unter den n Elementen m identische sind, unterscheiden. Dies wird häufig durch die Differenzierung mit und ohne Wiederholung ausgedrückt.

Bei der **Permutation ohne Wiederholung** sind alle n Elemente eindeutig identifizierbar. Für das erste Element kommen n verschiedene Platzierungsmöglichkeiten in der Reihenfolge in Betracht, für das zweite Element nur noch $n - 1$ Platzierungsmöglichkeiten, da bereits ein Platz von dem ersten Element besetzt ist. Jede Anordnung ist mit jeder anderen kombinierbar, d. h. insgesamt entstehen

$$P(n) = n! = n(n-1) \cdots 2 \cdot 1 \quad \text{mit } n \in \mathbb{Z}^+$$

Permutationen. Die Zahl der Permutationen von n unterscheidbaren Elementen beträgt damit $n!$

Beispiel 11.1. Vier Sprinter können in $P(4) = 4! = 24$ verschiedenen Anordnungen in einer Staffel laufen.

Beispiel 11.2. Der Vertreter, der zwölf Orte zu besuchen hat und unter allen denkbaren Rundreisen die kürzeste sucht, steht vor der Aufgabe, unter $P(12) = 12! = 479\,001\,600$ verschiedenen Rundreisen die mit der kürzesten Entfernung finden zu müssen. Glücklicherweise sind in der Wirklichkeit nie alle Orte direkt miteinander verbunden.

Bei einer **Permutation mit Wiederholung** wird angenommen, dass unter n Elementen k Elemente nicht voneinander zu unterscheiden sind. Die k Elemente sind auf ihren Plätzen jeweils vertauschbar, ohne dass sich dadurch eine neue Reihenfolge ergibt. Auf diese Weise sind genau

$$k! = k(k-1) \cdots 2 \cdot 1$$

Reihenfolgen identisch. Die Zahl der Permutationen von n Elementen, unter denen k Elemente identisch sind, beträgt somit:

$$P_w(n,k) = \frac{n!}{k!} = (k+1)(k+2) \cdots (n-1)n \quad \text{mit } k \leq n \in \mathbb{Z}^+$$

11.2 Permutation

Beispiel 11.3. Wie viele verschiedene zehnstellige Zahlen lassen sich aus den Ziffern der Zahl 7 841 673 727 bilden? In der Zahl tritt die Ziffer 7 viermal auf, die übrigen Ziffern je einmal. Die Permutationen der vier 7 sind nicht unterscheidbar, sodass insgesamt

$$P_w(10,4) = \frac{10!}{4!} = 151200$$

Zahlen gebildet werden können.

Gibt es nicht nur eine Gruppe, sondern r Gruppen mit

$$k_1, \ldots, k_r$$

nicht unterscheidbaren Elementen, so existieren

$$P_w(n, k_1, \ldots, k_r) = \binom{n}{k_1, k_2, \ldots, k_r} = \frac{n!}{k_1! \cdots k_r!} \quad \text{mit } k_1, \ldots, k_r \in \mathbb{Z}^+$$

Permutationen. Gilt ferner $k_1 + \ldots + k_r = n$, dann wird der obige Koeffizient als **Multinomialkoeffizient** bezeichnet.

Beispiel 11.4. In einem Regal sollen drei Lehrbücher der Ökonomie sowie je zwei Lehrbücher der Mathematik und Statistik untergebracht werden. Ohne Berücksichtigung der Fachgebiete gibt es für die sieben Bücher insgesamt $7! = 5040$ Permutationen. Werden die Bücher nur nach Fachgebieten unterschieden, wobei nicht nach Fachgebieten geordnet werden soll, so erhält man

$$P_w(7,3,2,2) = \frac{7!}{(3! \cdot 2! \cdot 2!)} = 5 \cdot 6 \cdot 7 = 210$$

Permutationen. Sollen die Bücher eines Fachgebiets jeweils zusammenstehen, so gibt es für die Anordnung der Fachgebiete $3! = 6$ Permutationen.

Für $r = 2$ Gruppen mit $k_1 = k$ bzw. $k_2 = n - k$ nicht unterscheidbaren Elementen erhält man

$$P_w(n, k, n-k) = \frac{n!}{k!(n-k)!} = \binom{n}{k} \quad \text{mit } k \leq n \in \mathbb{Z}^+$$

Permutationen. Dies ist der **Binomialkoeffizient**.

11.3 Variation

Eine Auswahl von m Elementen aus n Elementen unter Berücksichtigung der Reihenfolge heißt Variation.

Bei einer **Variation ohne Wiederholung** kann das gezogene Element nicht wieder ausgewählt werden. Bei n Elementen gibt es dann $n!$ Anordnungen (Permutationen). Da aber eine Auswahl von m aus n Elementen betrachtet wird, werden nur die ersten m ausgewählten Elemente betrachtet, wobei jedes Element nur einmal ausgewählt werden darf. Die restlichen $n - m$ Elemente werden nicht beachtet. Daher ist jede ihrer $(n - m)!$ Anordnungen hier ohne Bedeutung. Sie müssen aus den $n!$ Anordnungen herausgerechnet werden. Es sind also

$$V(n,m) = \frac{n!}{(n-m)!} = (n-m+1)(n-m+2)\cdots n$$

$$\text{mit } m \leq n \in \mathbb{Z}^+$$

verschiedene Variationen möglich sind. Man kann die Anzahl der Variationen auch so begründen: Das erste Element kann aus n Elementen ausgewählt werden. Da es nicht noch einmal auftreten kann, kann das zweite Element nur noch aus $n - 1$ Elementen ausgewählt werden. Das m-te Element kann dann noch unter $n - m + 1$ Elementen ausgewählt werden. Da die Reihenfolge der Elemente beachtet wird, ist die Anordnung zu permutieren:

$$V(n,m) = n(n-1)\cdots(n-m+1) \quad \text{mit } m \leq n \in \mathbb{Z}^+$$

Die beiden obigen Gleichungen liefern das gleiche Ergebnis.

Beispiel 11.5. Aus einer Urne mit drei Kugeln (rot, blau, grün) sollen zwei Kugeln gezogen werden. Ist z. B. die erste gezogene Kugel rot, so verbleiben für die zweite Position noch die zwei Kugeln blau und grün.

1. Kugel	rot		blau		grün	
2. Kugel	blau	grün	rot	grün	rot	blau

Insgesamt können

$$V(3,2) = \frac{3!}{(3-2)!} = 6$$

verschiedene Paare gezogen werden.

Beispiel 11.6. Der bereits bekannte Handelsvertreter kann am ersten Tag nur drei der 13 Orte besuchen. Wie viele Möglichkeiten verschiedener Routen für den ersten Tag kann er auswählen? Bei einer Auswahl von drei Orten aus den insgesamt 13 Orten unter Berücksichtigung der Reihenfolge ergeben sich

$$V(13,3) = \frac{13!}{(13-3)!} = 1716$$

Reisemöglichkeiten.

Wenn das gezogene Element wiederholt ausgewählt werden kann, bei der Ziehung also zurückgelegt wird, spricht man von einer **Variation mit Wiederholung**. Ein Element darf wiederholt bis maximal m-mal auftreten. Beim ersten Element besteht die Auswahl aus n Elementen. Da das erste Element auch als zweites zugelassen ist, besteht für dieses wieder die Auswahl aus n Elementen. Für jedes der m Elemente kommen n Elemente infrage, also sind n Elemente m-mal zu permutieren. Die Zahl der Variationen von m Elementen aus n Elementen mit Wiederholung beträgt folglich:

$$V_w(n,m) = n^m \quad \text{mit } n,m \in \mathbb{Z}^+$$

Beispiel 11.7. Im Dezimalsystem werden zur Zahlendarstellung zehn Ziffern benutzt. Wie viele vierstellige Zahlen sind damit darstellbar? Es können vier Ziffern zur Zahlendarstellung variiert werden, wobei Wiederholungen (z. B. 7788) gestattet sind. Es sind somit $10^4 = 10000$ Zahlen darstellbar. Dies sind die Zahlen von 0000 bis 9999.

11.4 Kombination

Eine Auswahl von m Elementen aus n Elementen ohne Berücksichtigung der Reihenfolge heißt Kombination. Bei einer Kombination ohne Wiederholung kommt es nur auf die Auswahl der Elemente an, nicht auf deren Anordnung.

Betrachten wir zuerst eine **Kombination ohne Wiederholung**. Die Anzahl der möglichen Kombinationen ist geringer als bei der Variation, da die Permutation der m ausgewählten Elemente nicht unterscheidbar ist; $m!$ Kombinationen sind identisch. Daher entfallen diese und müssen herausgerechnet werden. Dies geschieht, indem die Zahl der Variationen von m aus n Elementen $n!/(n-m)!$ durch die Zahl der Permutationen von m Elementen

$m!$ dividiert wird. Die Zahl der Kombinationen von m Elementen aus n Elementen ohne Wiederholung beträgt also

$$C(n,m) = \frac{n!}{m!\,(n-m)!} = \binom{n}{m} \quad \text{mit } m \leq n \in \mathbb{Z}^+$$

und ist gleich dem **Binomialkoeffizienten**.

Der Binomialkoeffizient entspricht einer Permutation mit Wiederholung bei zwei Gruppen. Bei der Kombination steht die Überlegung der Auswahl von m aus n Elementen im Zentrum. Bei der Permutation ist es die Überlegung der Anordnung von n Elementen, wobei m und $n-m$ Elemente identisch sind, sich also wiederholen.

Beispiel 11.8. Es sind 6 aus 49 Zahlen (Lotto) in beliebiger Reihenfolge zu ziehen. Wie viele Kombinationen von sechs Elementen existieren?

$$C(49,6) = \frac{49!}{\underbrace{6!}_{\text{identische Anordnung gezogener Ziehungen}} \underbrace{(49-6)!}_{\text{identische Anordnung nicht gezogener Ziehungen}}}$$

$$= \frac{49!}{\underbrace{6!}_{\text{Wiederholungen 1. Gruppe}} \underbrace{(49-6)!}_{\text{Wiederholungen 2. Gruppe}}}$$

$$= \frac{\overbrace{49 \cdot 48 \cdot \ldots \cdot 44}^{\text{getippte Zahlen}}}{\underbrace{6!}_{\text{identische Ziehungen}}} = 13983816$$

Bei einer **Kombination mit Wiederholung** ist die Anzahl der möglichen Ergebnisse größer als bei der Kombination ohne Wiederholung. Ein Element kann nun bis zu m-mal ausgewählt werden. Statt ein Element zurückzulegen, kann man sich die n Elemente auch um die Zahl der Wiederholungen ergänzt denken. Die n Elemente werden also um $m-1$ Elemente, von denen jedes für eine Wiederholung steht, ergänzt. Es werden nur $m-1$ Elemente ergänzt, weil eine Position durch die erste Auswahl festgelegt ist; es können nur $m-1$ Wiederholungen erfolgen. Damit ist die Anzahl von Kombinationen mit m aus n Elementen mit Wiederholung gleich der Anzahl von Kombinationen m Elementen aus $n+m-1$ Elementen ohne Wiederholung.

Die Zahl der Kombinationen von m Elementen aus n Elementen mit Wiederholung beträgt:

$$C_w(n,m) = \binom{n+m-1}{m} = \frac{(n+m-1)!}{m!\,(n-1)!} \quad \text{mit } m \leq n \in \mathbb{Z}^+$$

Beispiel 11.9. Stellt man sich eine Lottoziehung vor, bei der die gezogenen Kugeln wieder zurückgelegt werden und somit erneut gezogen werden können, dann liegt der Fall der Kombination mit Wiederholung vor:

$$C_w(49,6) = \binom{49+6-1}{6} = \binom{54}{6} = \frac{54!}{6!\,(49-1)!} = 25827165$$

Es gibt hier fast doppelt so viele Kombinationen wie beim normalen Lottospiel.

11.5 Kombinatorische Berechnungen

Die Bestimmung der Anzahl der Möglichkeiten ist nicht immer unmittelbar mit den angegebenen Formeln möglich. Mitunter müssen die Formeln miteinander kombiniert werden. Werden die Fälle durch ein logisches UND miteinander verknüpft, so ist die Anzahl der Möglichkeiten miteinander zu multiplizieren.

Beispiel 11.10. Aus zehn verschiedenen Spielkarten sollen zwei Spieler je vier Karten erhalten. Für den ersten Spieler gibt es dann

$$C(10,4) = \binom{10}{4} = 210$$

Möglichkeiten. Für den zweiten Spieler verbleiben dann noch sechs Karten, und es gibt

$$C(6,4) = \binom{6}{4} = 15$$

Möglichkeiten der Kartenzuteilung. Insgesamt gibt es dann 210 Möglichkeiten für den ersten Spieler UND 15 Möglichkeiten für den zweiten Spieler, also $210 \cdot 15 = 3150$ Möglichkeiten der Kartenausteilung insgesamt.

Werden die Fälle durch ein logisches ODER verknüpft, so ist die Anzahl der Möglichkeiten zu addieren.

Beispiel 11.11. In einer Bibliothek sollen Bücher mit einer ODER zwei aus fünf Farben signiert werden. Es kann dieselbe Farbe wiederholt verwendet, und die Reihenfolge der Farben soll berücksichtigt werden. Es existieren dann

$$V_w(5,1) + V_w(5,2) = 5^1 + 5^2 = 30$$

Möglichkeiten, die Bücher zu signieren.

11.6 Münzwechselproblem

Das Münzwechselproblem (wie viele Möglichkeiten existieren, 1 Euro mit 1-, 2-, 5-, 10-, 20- und 50-Cent-Münzen zusammenzustellen) kann nicht mit den bisher beschriebenen Ansätzen gelöst werden. Die Herleitung der Lösung basiert auf [11, Kapitel 2].

Erste Überlegung: Eine fiktive Münze hat auf der einen Seite den Zahlenwert 1 und auf der anderen Seite den Zahlenwert 2. Es existieren zwei Münzen dieser Art. Wie viele Möglichkeiten gibt es, die Summe 2, 3 und 4 mit den zwei Münzen zu erhalten?

Die Summe 2 kann nur mit der Kombination 1 + 1, die Summe 3 mit den Kombinationen 1 + 2 und 2 + 1, und die Summe 4 nur mit 2 + 2 erzeugt werden.

Die Münzseite mit der 1 wird mit z und die Münzseite mit der 2 mit $z \cdot z = z^2$ bezeichnet. Dann kann die Münze als

$$z + z^2$$

beschrieben werden. Werden beide Münzen zusammen betrachtet, dann ist der Ansatz:

$$(z + z^2)(z + z^2) = (z + z^2)^2$$

Das Ausmultiplizieren des obigen Ausdrucks liefert (siehe Binomialkoeffizienten):

$$b_2 z^2 + b_3 z^3 + b_4 z^4 = 1 z^2 + 2 z^3 + 1 z^4$$

Die Koeffizienten geben die Zahl der Kombinationen an: $b_2 = 1$ für die Zahl der Kombinationen für die Summe 2, $b_3 = 2$ für die Summe 3 und $b_4 = 1$ für die Summe 4.

Zweite Überlegung: Es sind die ganzzahligen Lösungen der Gleichung

11.6 Münzwechselproblem

$$x_1 + x_2 = 2$$

gesucht. Die Identität 2 bezieht sich auf die Zahl der Münzen. x_1, x_2 können die Werte $0, 1, 2$ (z. B. Eurowert) annehmen. Jedem x_i wird die Potenzreihe

$$z^0 + z^1 + z^2 = 1 + z + z^2$$

zugeordnet. Die Koeffizienten der **erzeugenden Funktion** (siehe auch Kapitel 12)

$$G(z) = (1 + z + z^2)^2 = 1 + 2z + 3z^2 + 2z^3 + z^4$$

liefern die Zahl der Kombinationen. Der Koeffizient 3 vor z^2 gibt die Zahl der Möglichkeiten an, die Summe 2 mit den Werten $0, 1, 2$ zu erzeugen: $0 + 2$, $2 + 0, 1 + 1$.

Nun kann der Ansatz verallgemeinert werden. Es gilt:

$$1 + z + z^2 + z^3 + \ldots = \frac{1}{1 - z} \quad \text{geometrische Reihe}$$

Bestätigung: Multipliziere $(1 - z)(1 + z + z^2 + \ldots)$. Die erzeugende Funktion ist dann:

$$G(z) = (1 + z + z^2)^2$$
$$= \frac{1}{(1 - z)(1 - z)}$$

Die Bestimmung der Koeffizienten erfolgt über Vergleich (Koeffizientenvergleich):

$$\frac{1}{1 - z} = \sum a_n z^n$$

Für alle $n \geq 0$ gilt $a_n = 1$. Für die erzeugende Funktion gilt dann:

$$\frac{1}{(1 - z)^2} = \sum b_n z^n \Rightarrow \sum a_n z^n \stackrel{!}{=} (1 - z) \sum b_n z^n$$

Die Multiplikation der Summe $\sum b_n z^n$ mit $(1 - z)$ liefert:

$$\sum b_n z^n - \sum b_n z^{n+1} = \sum (b_n - b_{n-1}) z^n \quad \text{für } n < 0 : b_n = 0$$

Nun kann man über Koeffizientenvergleich von

$$\sum a_n z^n \stackrel{!}{=} \sum (b_n - b_{n-1}) z^n$$

die Koeffizienten b_n bestimmen. Es gilt:

$$a_n = b_n - b_{n-1} \Rightarrow b_n = a_n + b_{n-1}$$

Folglich ist $b_0 = 1$, $b_1 = 2$, $b_2 = 3$ usw. Der Koeffizient b_2 liefert die Zahl der Kombinationen, die die Summe 2 in Gleichung $x_1 + x_2 = 2$ mit den Zahlen $0, 1, 2$ erzeugen. Die weiteren Koeffizienten sind für die Lösung unwichtig.

Dritte Überlegung: Wenden wir die geometrische Reihe auf das Münzbeispiel aus der ersten Überlegung an, so erhalten wir für:

$$z + z^2 + z^3 + \ldots = z(1 + z + z^2 + \ldots) = \frac{z}{1-z}$$

Der Ansatz für die beiden Münzen mit den Werten 1 und 2 ist folglich:

$$\frac{z^2}{(1-z)^2} = \sum b_n z^n$$

Die Koeffizienten b_n vor z^n geben die Zahl der Kombinationen an, die die Summe n bilden können. Über Koeffizientenvergleich findet man wieder die Lösung:

$$\frac{1}{1-z} = \sum a_n z^n \quad \forall n \geq 0 : a_n = 1$$

$$\frac{z^2}{(1-z)^2} = \sum b_n z^n \Rightarrow \frac{1}{1-z} \stackrel{!}{=} \frac{1-z}{z^2} \sum b_n z^n$$

$$\sum a_n z^n = \frac{1}{z^2} \sum (b_n - b_{n-1}) z^n$$

$$= \sum (b_n - b_{n-1}) z^{n-2}$$

$$= \sum (b_{n+2} - b_{n+1}) z^n$$

$$\Rightarrow b_{n+2} = a_n + b_{n+1} \quad \text{für } n < 2 : b_n = 0$$

Somit sind:

$$b_0 = b_1 = 0$$
$$b_2 = a_0 + b_1 = 1$$
$$b_3 = a_1 + b_2 = 2$$
$$b_4 = a_2 + b_3 = 3$$

Die Koeffizienten b_2 und b_3 geben die gesuchte Zahl der Kombinationen an, die die Summe 2 bzw. 3 bilden können:

11.6 Münzwechselproblem

Summe $= 2 : \{1+1\}$
Summe $= 3 : \{1+2, 2+1\}$

Die Koeffizienten $b_4, b_5, \ldots$ sind hier nicht von Interesse. $b_4 = 3$ wäre z. B. die Lösung für die Summe 4 mit den Werten 1,2,3 und gehört somit nicht mehr zur ursprünglichen Fragestellung.

Betrachten wir nun die Fragestellung, wie viele Möglichkeiten existieren, um einen Gesamtwert W aus den Münzen mit den Werten 1 bis 3 zusammenzustellen.

Eine Münze mit dem Wert 1 kann die Gesamtwerte $0, 1, 2, \ldots$ zusammenzustellen. Die Koeffizienten in der Potenzreihe $1 + z + z^2 + \ldots = \frac{1}{1-z}$ geben die Zahl der Möglichkeiten wieder. Für eine Münze mit dem Wert 2 werden die Möglichkeiten der Zusammenstellung mit den Gesamtwerten $0, 2, 4, \ldots$ durch die Potenzreihe $1 + z^2 + z^4 + \ldots = \frac{1}{1-z^2}$ dargestellt. Eine Münze mit dem Wert 3 wird der Potenzreihe $1 + z^3 + z^6 + \ldots = \frac{1}{1-z^3}$ zugeordnet. Die erzeugende Funktion ist somit:

$$G(z) = (1 + z + z^2 + \ldots)(1 + z^2 + z^4 + \ldots)(1 + z^3 + z^6 + \ldots)$$
$$= \frac{1}{1-z} \frac{1}{1-z^2} \frac{1}{1-z^3}$$
$$= \sum c_n z^n$$

Die Koeffizienten c_n in der erzeugenden Funktion geben dann die Zahl der Möglichkeiten mit dem Gesamtwert $W = n$ an, die mit den drei Werten erzeugt werden können. Sie werden über Koeffizientenvergleich bestimmt:

$$\frac{1}{1-z} = \sum a_n z^n$$
$$\frac{1}{(1-z)(1-z^2)} = \sum b_n z^n \Rightarrow \sum a_n z^n = (1-z^2) \sum b_n z^n$$
$$\frac{1}{(1-z)(1-z^2)(1-z^3)} = \sum c_n z^n \Rightarrow \sum b_n z^n = (1-z^3) \sum c_n z^n$$

Aus dem obigen Ansatz erhält man:

$$b_n = a_n + b_{n-2} \quad \text{mit } b_n = 0 \text{ für } n < 0$$
$$c_n = b_n + c_{n-3} \quad \text{mit } c_n = 0 \text{ für } n < 0$$

Der Koeffizient c_6 gibt dann z. B. an, wie viele Möglichkeiten der Zusammenstellung für die Gesamtsumme $W = 6$ existieren:

$$b_0 = a_0 + b_{-2} = 1 \quad c_0 = b_0 + c_{-3} = 1$$
$$b_1 = a_1 + b_{-1} = 1 \quad c_1 = b_1 + c_{-2} = 1$$
$$b_2 = a_2 + b_0 = 2 \quad c_2 = b_2 + c_{-1} = 2$$
$$b_3 = a_3 + b_1 = 2 \quad c_3 = b_3 + c_0 = 3$$
$$b_4 = a_4 + b_2 = 3 \quad c_4 = b_4 + c_1 = 4$$
$$b_5 = a_5 + b_3 = 3 \quad c_5 = b_5 + c_2 = 5$$
$$b_6 = a_6 + b_4 = 4 \quad c_6 = b_6 + c_3 = 7$$

Es sind die sieben Kombinationen: 111111, 11112, 1113, 1122, 222, 123, 33.

Wie viele Möglichkeiten gibt es, um 1 Euro mit 1- ,2- ,5- ,10-, 20- und 50-Cent-Münzen zusammenzustellen? Für die 1-Cent-Münzen existieren die Möglichkeiten $1 + z + z^2 + \ldots$, für die 2-Centmünzen die Möglichkeiten $1 + z^2 + z^4 + \ldots$ Insgesamt ist die erzeugende Funktion

$$G(z) = (1 + z + z^2 + \ldots)(1 + z^2 + z^4 + \ldots)$$
$$(1 + z^5 + z^{10} + \ldots)(1 + z^{10} + z^{20} + \ldots)$$
$$(1 + z^{20} + z^{40} + \ldots)(1 + z^{50} + z^{100} + \ldots)$$
$$= \frac{1}{1-z} \frac{1}{1-z^2} \frac{1}{1-z^5} \frac{1}{1-z^{10}} \frac{1}{1-z^{20}} \frac{1}{1-z^{50}}.$$

Über die Methoden des Koeffizientenvergleichs erhält man den Koeffizienten vor z^{100}, der die Anzahl der Möglichkeiten angibt.

$$\frac{1}{1-z} = \sum a_n z^n$$
$$\frac{1}{(1-z)(1-z^2)} = \sum b_n z^n$$
$$\frac{1}{(1-z)(1-z^2)(1-z^5)} = \sum c_n z^n$$
$$\frac{1}{(1-z)(1-z^2)(1-z^5)(1-z^{10})} = \sum d_n z^n$$
$$\frac{1}{(1-z)(1-z^2)(1-z^5)(1-z^{10})(1-z^{20})} = \sum f_n z^n$$
$$\frac{1}{(1-z)(1-z^2)(1-z^5)(1-z^{10})(1-z^{20})(1-z^{50})} = \sum g_n z^n$$

Für b_n erhält man aus dem Vergleich ($b_n = 0$ für $n < 2$)

$$\sum a_n z^n = (1 - z^2) \sum b_n z^n = \sum b_n z^n - \sum b_n z^{n+2} = \sum (b_n - b_{n-2}) z^n$$

11.6 Münzwechselproblem

die Rekursion:
$$b_n = a_n + b_{n-2}$$

Aus den weiteren Vergleichen

$$\sum b_n z^n = (1 - z^5) \sum c_n z^n,$$
$$\sum c_n z^n = (1 - z^{10}) \sum d_n z^n,$$
$$\sum d_n z^n = (1 - z^{20}) \sum f_n z^n,$$
$$\sum f_n z^n = (1 - z^{50}) \sum g_n z^n$$

erhält man die folgenden Rekursionen:

$$c_n = b_n + c_{n-5}$$
$$d_n = c_n + d_{n-10}$$
$$f_n = d_n + f_{n-20}$$
$$g_n = f_n + g_{n-50}$$

Der Koeffizient g_{100} zeigt die Zahl der Möglichkeiten an.

R-Code 11.1. In der Makrosprache von R kann die obige Rekursion durch folgenden Pseudocode berechnet werden. Die Länge des Vektors a muss $n + 1$ sein, da wir die Koeffizienten von 0 bis 100 benötigen, also 101 Koeffizienten:

```
n <- 100 # Betrag
m <- c(2,5,10,20,50) # Muenzwerte
a <- rep(1,n+1)
b <- a

for (i in 1:(n+1))
   ifelse(i-m[1]<=0,b[i]<-1,b[i]<-b[i-m[1]]+1)
c <- b
for (i in 1:(n+1))
   ifelse(i-m[2]<=0,c[i]<-b[i],c[i]<-c[i-m[2]]+b[i])
d <- c
for (i in 1:(n+1))
   ifelse(i-m[3]<=0,d[i]<-c[i],d[i]<-d[i-m[3]]+c[i])
f <- d
for (i in 1:(n+1))
   ifelse(i-m[4]<=0,f[i]<-d[i],f[i]<-f[i-m[4]]+d[i])
g <- f
for (i in 1:(n+1))
```

```
    ifelse(i-[m5]<=0,g[i]<-f[i],g[i]<-g[i-m[5]]+f[i])
g # Ausgabe
```

Etwas mehr zusammengefasst kann die Rekursion auch durch eine Doppelschleife berechnet werden:

```
betrag<-100 # Betrag
werte<-c(1,2,5,10,20,50)  # Muenzwerte

b <- rep(1,max(betrag) + 1)
c <- b

# seq(along=werte)[-1] = 2,3,4,5,6,7
for (j in seq(along = werte)[-1]){
   for (i in 1:(betrag+1)){
       ifelse(i-werte[j]<=0,c[i]<-b[i],
           c[i]<-c[i-werte[j]]+b[i])}
   b <- c}

c # Ausgabe
```

Es existieren 4562 Möglichkeiten, um 1 Euro mit 1-, 2-, 5-, 10-, 20- und 50-Cent-Münzen zusammenzustellen.

11.7 Fibonacci- und Catalan-Zahlen

Die Darstellung der oben aufgeführten Zählfunktionen ist stark durch die Anwendung von Variationen und Kombinationen in der Wahrscheinlichkeitsrechnung motiviert. Herausragende Bedeutung haben dabei die Binomialkoeffizienten, da sie die Teilmengen einer n-elementigen Grundmenge zählen. Dies kann man erweitern auf Strukturen wie Vektorräume oder Partitionen, wobei dann die Gauß'schen Binomialkoeffizienten und die Stirling-Zahlen ins Spiel kommen. Wir verzichten hier auf dieses doch etwas fortgeschrittene Thema, möchten aber noch zwei Zahlenfolgen erwähnen, die auch für den Abschnitt 13.4 in diesem Buch von Bedeutung sind.

Fibonacci-Zahlen

Die Fibonacci-Zahlen $(F_n)_{n=0,1,...}$ sind definiert durch die Rekursion

11.7 Fibonacci- und Catalan-Zahlen

$$F_n = F_{n-1} + F_{n-2}$$

mit den Anfangswerten $F_0 = F_1 = 1$.

Die ersten Fibonacci-Zahlen sind also $1, 1, 2, 3, 5, 8, 13, 21, 34, 55, \ldots$, wobei die nächste Zahl jeweils die Summe der beiden vorhergehenden Zahlen ist, etwa $34 = 21 + 13$.

Die Fibonacci-Zahlen sind also rekursiv definiert, sodass man zur Berechnung etwa von F_{1000} zunächst auch alle kleineren Fibonacci-Zahlen berechnen muss. Es gibt aber auch eine schnellere Möglichkeit:

$$F_n = \frac{1}{\sqrt{5}} \cdot \left(\left(\frac{1 + \sqrt{5}}{2} \right)^{n+1} - \left(\frac{1 - \sqrt{5}}{2} \right)^{n+1} \right)$$

Zum Beweis nehmen wir an, dass die Fibonacci-Zahlen sich als Potenz einer Zahl z ergeben, dass also $F_n = z^n$ für eine Zahl z ist. Die Begründung für diesen Ansatz findet sich in Kapitel 12.

Es gilt also $z^n = z^{n-1} + z^{n-2}$ bzw.

$$z^n - z^{n-1} - z^{n-2} = z^{n-2}(z^2 - z - 1) = 0.$$

Eine Lösung der Rekursion muss demnach eine Linearkombination der beiden Wurzeln $z_1 = \frac{1+\sqrt{5}}{2}$ und $z_2 = \frac{1-\sqrt{5}}{2}$ dieser Gleichung sein (Lösung von $z^2 - z - 1 = 0$). Mit den Wurzeln z_1 und z_2 ist auch jede Linearkombination $a \cdot z_1 + b \cdot z_2$ eine Lösung:

$$F_n = a \cdot \left(\frac{1 + \sqrt{5}}{2} \right)^n + b \cdot \left(\frac{1 - \sqrt{5}}{2} \right)^n$$

Nun lassen sich a und b durch die Anfangswerte $F_0 = F_1 = 1$ ermitteln, welche das Gleichungssystem liefern:

$$a + b = 1, \qquad a \cdot \frac{1 + \sqrt{5}}{2} + b \cdot \frac{1 - \sqrt{5}}{2} = 1$$

Damit ist dann $b = 1 - a$ und

$$a \cdot \frac{1 + \sqrt{5}}{2} + (1 - a) \cdot \frac{1 - \sqrt{5}}{2} = 1,$$

sodass $a = \frac{1+\sqrt{5}}{2\sqrt{5}}$ und weiter $b = -\frac{1-\sqrt{5}}{2\sqrt{5}}$ ist. Mit a und b folgt die Identität von F_n.

Die Zahl $\frac{\sqrt{5}+1}{2} = 1.61803398874...$ wird auch als **Goldener Schnitt** bezeichnet, bei dem das Teilungsverhältnis des Ganzen $a + b$ mit $a > b$ zum größeren Teil a gleich dem Teilungsverhältnis des größeren zum kleineren Teil entspricht: $\frac{a+b}{a} = \frac{a}{b}$.

Beispiel 11.12. Ein sehr bekanntes Beispiel ist die Hasenvermehrung. Ein Hasenpaar gebärt nach einem Monat zwei Hasenjunge (männlich und weiblich). Diese werden nach zwei Monaten fortpflanzungsfähig und werden dann nach einem Monat wieder Junge bekommen (idealisiert: die Hasen leben ewig). Nach acht Monaten werden $F_8 = 21$ Hasenpaare existieren.

R-Code 11.2. Programmanweisungen für die Berechnung der Fibonacci-Zahlen mittels einer Rekursion:

```
fibonacci.rek <- function(n){ # n-te Fibonacci-Zahl
  if(n < 0) return("n muss positiv sein")
  if(trunc(n) != n) return("n muss ganze Zahl sein")

  if(n == 0) return(0) # inklusive Null
  if(n == 1) return(1)
  else fib <- fibonacci.rek(n-1)+fibonacci.rek(n-2)
  return(fib)
}

fibonacci.rek(3)
```

R-Code 11.3. Programmanweisungen für die Berechnung der Fibonacci-Zahlen mit einer while- Schleife:

```
fibonacci.ite <- function(n){
  if(n < 0) return("n muss positiv sein")
  if(trunc(n) != n) return("n muss ganze Zahl sein")

  fib0 <- 0
  fib1 <- 1
  fib2 <- fib0 + fib1

  i <- 0
  while(i < n){
    i <- i + 1
    fib0 <- fib1
    fib1 <- fib2
```

```
    fib2 <- fib0 + fib1
  }
  return(fib0)
}

fibonacci.ite(3)
```

Catalan-Zahlen

Die Catalan-Zahlen sind definiert als

$$C_n = \frac{1}{n+1} \cdot \binom{2n}{n} = \frac{1}{2n+1} \cdot \binom{2n+1}{n}.$$

Beispiel 11.13. Die ersten Catalan-Zahlen sind also $C_0 = 1$, $C_1 = 1$, $C_2 = 2$, $C_3 = 5$, $C_4 = 14$, $C_5 = 42$.

Beispiel 11.14. Die Catalan-Zahlen zählen insbesondere binäre Wurzelbäume ab, die in der Informatik als Datenstruktur eine wichtige Rolle spielen. Die ersten Wurzelbäume für $n = 0$ bis $n = 3$ sind in Abb. 11.1 gezeichnet.
Da sich der Baum immer weiter verzweigt, hat also jeder Knoten genau zwei Nachfolger, sodass für jedes n die entsprechenden Bäume genau $2n + 1$ Knoten besitzen, und zwar n innere Knoten mit Verzweigung und $n + 1$ Endknoten, an denen nicht weiter verzweigt wird. Der Ursprungsknoten an der Spitze wird als Wurzel bezeichnet. In Anhang A werden Bäume und Graphen allgemeiner erklärt.
Entfernt man nun die Wurzel, so spaltet sich der Baum in zwei Teilbäume auf. Wenn der linke Teilbaum i innere Knoten hat, muss der rechte Teilbaum $n - i - 1$ innere Knoten besitzen. Aussummieren über alle möglichen i ergibt

$$C_n = \sum_{i=0}^{n-1} C_i \cdot C_{n-1-i}.$$

Wie man mithilfe dieser Rekursion die Formel für die Catalan-Zahlen erhält, wird in Abschnitt 12.4 gezeigt.

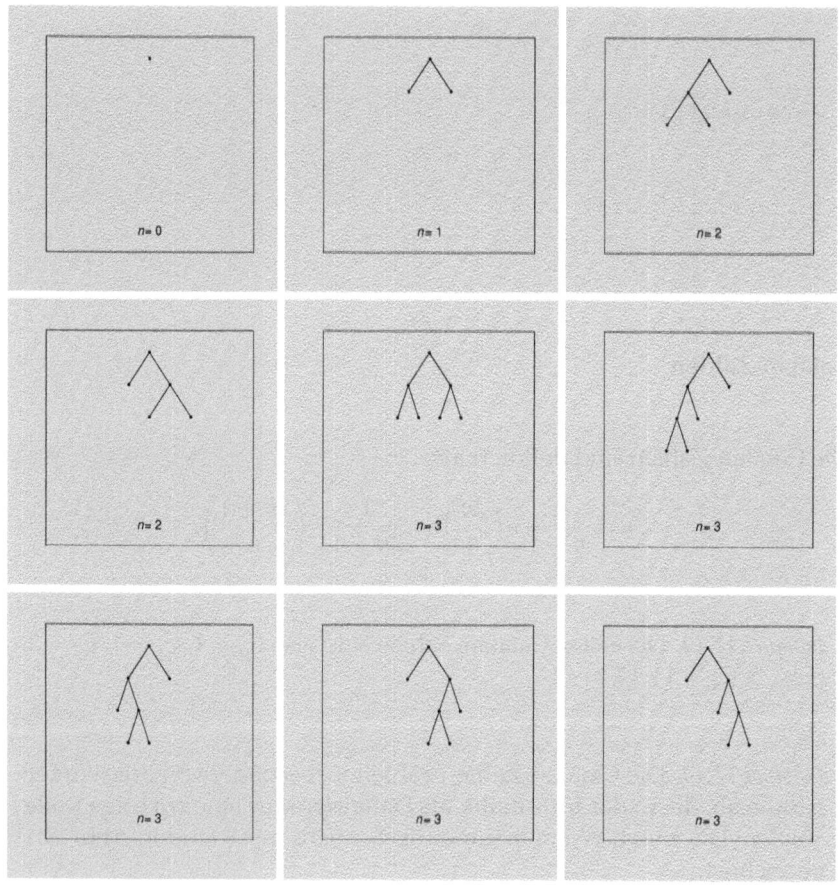

Abb. 11.1: Wurzelbäume

11.8 Übungen

Übung 11.1. Drei Kartenspieler sitzen in einer festen Reihenfolge; der erste Spieler verteilt die Karten. Wie viele verschiedene Anfangssituationen sind beim Skatspiel möglich (32 verschiedene Karten, drei Spieler erhalten je zehn Karten, zwei Karten liegen im Skat)?

Übung 11.2. Ein Student muss in einer Prüfung acht von zwölf Fragen beantworten, wovon mindestens drei aus den ersten fünf Fragen beantwortet werden müssen. Wie viele verschiedene zulässige Antwortmöglichkeiten besitzt der Student?

11.8 Übungen

Übung 11.3. Wie viele verschiedene Ziehungen gibt es beim Zahlenlotto 6 aus 49 mit fünf, vier und drei Richtigen?

Übung 11.4. Ein Passwort besteht aus zwei Buchstaben und vier Ziffern, wobei die Ziffern, aber nicht die Buchstaben mehrfach auftreten dürfen. Klein- und Großschreibung ist als signifikant anzusehen. Wie viele Passwörter können Sie bilden?

Übung 11.5. An einer Feier nehmen 20 Personen teil. Plötzlich geht das Bier aus. Um hinreichenden Nachschub zu besorgen, werden drei Leute ausgewählt, weil drei Personen notwendig sind, um das neue Fass zu transportieren. Wie viele unterschiedliche Möglichkeiten gibt es, drei Leute zum Bierholen zu schicken?

Übung 11.6. Sie stehen an der Kasse und müssen genau 4.50 Euro bezahlen. In Ihrem Geldbeutel befinden sich drei 1-Euro-Münzen und drei 50-Cent-Münzen. Sie nehmen die Münzen nacheinander heraus und legen sie vor der Kasse ab. Wie viele unterschiedliche Möglichkeiten gibt es, die Münzen der Reihe nach anzuordnen?

Übung 11.7. Sie gehen mit drei Kommilitonen in die Mensa. Dort stehen fünf verschiedene Menüs zur Auswahl. Während sich die Kommilitonen bereits auf die Plätze setzen, erhalten Sie den Auftrag, für sich und für die drei Kommilitonen jeweils irgendein Essen zu besorgen, weil es sich in allen Fällen um die Spezies „Allesfresser" handelt, und jedem egal ist, was er isst. Wie viele unterschiedliche Möglichkeiten gibt es insgesamt, die Menüs auszuwählen?

Übung 11.8. Sie wollen drei Wochen Urlaub machen, und zwar jede Woche in einem anderen Land. Sie haben sich entschieden, Ihren Urlaub im Reisebüro X zu buchen, und erhalten dort die Auskunft, Sie könnten jederzeit in 25 Ländern Urlaub machen, müssten sich dann aber festlegen. Wie viele Möglichkeiten gibt es, Ihren Urlaub in drei Ländern zu buchen? Eine der Möglichkeiten wäre etwa: zuerst nach Spanien, dann nach Frankreich und zuletzt nach Italien.

Übung 11.9. Eine Lieferung von zehn PCs enthält drei fehlerhafte Geräte. Man entnimmt dieser Lieferung eine Stichprobe vom Umfang fünf.

1. Wie viele verschiedene Stichproben gibt es?
2. Wie viele Stichproben enthalten genau zwei defekte Geräte?

Übung 11.10. Der Nationaltrainer wählt aus 20 verfügbaren Fußballspielern die elf Spieler aus, die das nächste Spiel bestreiten. Wie viele Möglichkeiten stehen dem Nationaltrainer theoretisch zur Verfügung?

Kapitel 12
Erzeugende Funktionen

Inhalt
12.1	Einleitung	165
12.2	Erzeugende Funktion	165
12.3	Addition erzeugender Funktionen und Rekursionen	166
12.4	Multiplikation erzeugender Funktionen und Catalan-Zahlen	167
12.5	Ableitung erzeugender Funktionen	169
12.6	Übungen	170

12.1 Einleitung

In Abschnitt 11.6 wurde der Begriff der erzeugenden Funktion bereits kurz eingeführt.

Der Ansatz mit einer erzeugenden Funktion ist oft sehr hilfreich für die Analyse der Zahlen a_n. Insbesondere können einfache Operationen mit der erzeugenden Funktion überraschende Auswirkungen auf die Koeffizienten haben, die etwa zum Herleiten von Identitäten oder zur Vereinfachung ansonsten komplizierter Rechnungen dienen.

12.2 Erzeugende Funktion

Eine **erzeugende Funktion** zur Zahlenfolge $(a_n)_{n=0}^{\infty}$ ist die Potenzreihe

$$G(z) = \sum_{n=0}^{\infty} a_n z^n,$$

wobei z eine Variable ist. Oft wird verlangt, dass z eine zusätzliche Bedingung erfüllt, etwa $|z| < 1$, damit die Summe nicht unendlich groß wird. Dies werden wir hier allerdings vernachlässigen. Es sei aber erwähnt, dass für $z = 0$ natürlich $G(z) = a_0$ ist.

Erzeugende Funktionen wurden bereits von dem berühmten Mathematiker Leonhard Euler benutzt, um Identitäten für die Anzahl Partitionen einer natürlichen Zahl in Summanden kleinerer Zahlen zu analysieren. Ein wichtiges Werkzeug war dort die geometrische Reihe

$$\frac{1}{1-z} = \sum_{n=0}^{\infty} z^n.$$

Im Folgenden wird jeweils eine Anwendung der Addition, Multiplikation und Ableitung erzeugender Funktionen vorgestellt. Weitere Beispiele sind in [13] angegeben.

12.3 Addition erzeugender Funktionen und Rekursionen

Eine ähnliche Formel ergibt sich für die Fibonacci-Zahlen F_n (Abschnitt 11.7). Für deren erzeugenden Funktion gilt die der geometrischen Reihe ähnliche Formel

$$\frac{1}{1-z-z^2} = \sum_{n=0}^{\infty} F_n z^n.$$

Dies folgt sofort aus der Rekursion $F_n = F_{n-1} + F_{n-2}$, woraus natürlich folgt, dass $F_n - F_{n-1} - F_{n-2} = 0$ ist. Damit und mit den Anfangswerten $F_0 = 1$ und $F_1 = 1$ ergibt sich sofort

$$(1-z-z^2) \cdot \sum_{n=0}^{\infty} F_n z^n = 1 + (F_1 - F_0)z + \sum_{n=2}^{\infty}(F_n - F_{n-1} - F_{n-2})z^n = 1.$$

Division beider Seiten durch $1 - z - z^2$ liefert dann das gewünschte Ergebnis.

Diese Formel legt übrigens auch den in Abschnitt 11.7 benutzten exponentiellen Ansatz nahe, gemäß dem die Fibonacci-Zahlen wie eine Potenz z^n wachsen.

12.4 Multiplikation erzeugender Funktionen und Catalan-Zahlen

In Abschnitt 11.7 haben wir gesehen, dass die Catalan-Zahlen der folgenden Rekursion genügen:

$$C_n = \sum_{i=0}^{n-1} C_i \cdot C_{n-1-i}$$

Dies ist sehr ähnlich zu der Formel

$$\left(\sum_{k=0}^{\infty} a_k z^k\right) \cdot \left(\sum_{k=0}^{\infty} b_k z^k\right) = \sum_{n=0}^{\infty} \left(\sum_{k+l=n} a_k b_l\right) z^n$$

zur Multiplikation zweier Polynome bzw. Potenzreihen (Abschnitt 11.6).

Zur genaueren Analyse dieser Rekursion führen wir nun die erzeugende Funktion der Catalan-Zahlen ein als

$$G(z) = \sum_{n=0}^{\infty} C_n \cdot z^n.$$

Mit der obigen Rekursion ist dann

$$G(z) = 1 + \sum_{n=1}^{\infty} C_n \cdot z^n$$

$$= 1 + \sum_{n=1}^{\infty} \sum_{i=0}^{n-1} C_i \cdot C_{n-1-i} \cdot z^n$$

$$= 1 + \sum_{n=0}^{\infty} \sum_{i=0}^{n} C_i \cdot C_{n-i} \cdot z^{n+1}$$

$$= 1 + z \cdot G(z)^2.$$

Man erhält also eine quadratische Gleichung für die erzeugende Funktion $G(z)$, nämlich

$$G(z) = 1 + z \cdot G(z)^2.$$

Diese Gleichung hat die zwei Lösungen $\frac{1+\sqrt{1-4z}}{2z}$ und $\frac{1-\sqrt{1-4z}}{2z}$. Für die Wurzel $\sqrt{1-4z} = (1-4z)^{\frac{1}{2}}$ können wir nun den binomischen Lehrsatz anwenden (Abschnitt 5.5). Dieser besagt ja, dass für $|x| < 1$

$$(1+x)^{\frac{1}{2}} = \sum_{k=0}^{\infty} \binom{\frac{1}{2}}{k} x^k$$

und damit

$$\sqrt{1-4z} = (1-4z)^{\frac{1}{2}} = \sum_{k=0}^{\infty} \binom{\frac{1}{2}}{k} (-4z)^k$$

$$= 1 + \sum_{k=1}^{\infty} -\frac{1}{2k} \binom{-\frac{1}{2}}{k-1} (-4z)^k$$

gelten. Dann ist für die erste Lösung der quadratischen Gleichung

$$\frac{1+\sqrt{1-4z}}{2z} = \frac{1}{z} + \sum_{k=1}^{\infty} \frac{1}{k} \binom{-\frac{1}{2}}{k-1} (-4z)^{k-1}.$$

Für $z = 0$ würde sich dort aber der Wert ∞ ergeben, was nur durch die Wahl von $a_0 = \infty$ erreicht werden kann. Dies ist natürlich nicht möglich, sodass als einzige Lösung der quadratischen Gleichung die Funktion

$$G(z) = \frac{1-\sqrt{1-4z}}{2z}$$

zu analysieren ist. Für diese Funktion kann man nun ohne Probleme mit a_0 (da $1 - 1 = 0$, verschwindet der konstante Term, der durch z dividiert wird) die Koeffizienten der Potenzen z^k ermitteln:

$$G(z) = 1 - \frac{\sqrt{1-4z}}{2z}$$

$$= \sum_{k=1}^{\infty} -\frac{1}{k} \binom{-\frac{1}{2}}{k-1} (-4z)^{k-1}$$

$$= \sum_{n=0}^{\infty} -\frac{1}{n+1} \binom{-\frac{1}{2}}{n} (-4z)^n$$

$$= \sum_{n=0}^{\infty} \frac{1}{n+1} \binom{2n}{n} z^n$$

Die letzte Gleichung ergibt sich durch:

$$\binom{-\frac{1}{2}}{n}(-4)^n = \frac{1}{n!}(-\frac{1}{2})(-\frac{3}{2})(-\frac{5}{2})\cdots(-\frac{2n-1}{2})(-4)^n$$

$$= \frac{1}{n!}\cdots 1\cdot 3\cdot 5\cdots(2n-1)\cdot 2^n$$

$$= \frac{1\cdot 3\cdot 5\cdots(2n-1)}{n!}\cdot\frac{2n\cdot(2n-2)\cdot(2n-4)\cdots 2}{n!}$$

$$= \frac{2n\cdot(2n-1)\cdot(2n-2)\cdots 3\cdot 2\cdot 1}{n!\cdot n!}$$

Also sind die Koeffizienten in $G(z)$ die Catalan-Zahlen $C_n = \frac{1}{n+1}\binom{2n}{n}$.

12.5 Ableitung erzeugender Funktionen

Eine Wahrscheinlichkeitsverteilung ist eine (möglicherweise unendliche) Folge nichtnegativer Zahlen $p_0, p_1, p_2, \ldots$, die sich auf 1 aufsummieren, also $p_0 + p_1 + p_2 + \ldots = 1$.

Deren erzeugende Funktion ist also $G(z) = \sum_{n=0}^{\infty} p_n \cdot z^n = 1$ und hat als Ableitung

$$G'(z) = \sum_{n=0}^{\infty} n\, p_n z^{n-1}$$

und als zweite Ableitung

$$G''(z) = \sum_{n=0}^{\infty} n(n-1)\, p_n z^{n-2}.$$

Die wichtigsten Kennzahlen einer Wahrscheinlichkeitsverteilung sind der Erwartungswert

$$E(X) = \sum_{n=0}^{\infty} n\, p_n$$

sowie die Varianz

$$Var(X) = E(X^2) - [E(X)]^2.$$

Für die spezielle Wahl $z = 1$ ist also der Erwartungswert $E(X) = G'(1)$ durch die Ableitung der erzeugenden Funktion direkt bestimmt.

Die Herleitung der Varianz über die zweite Ableitung ist etwas umständlicher. Es ist jedoch

$$E(X^2) = \sum_{n=0}^{\infty} n^2 p_n$$
$$= \sum_{n=0}^{\infty} n \cdot (n-1) p_n + \sum_{n=0}^{\infty} n p_n$$
$$= G''(1) + G'(1)$$

und somit

$$Var(X) = E(X^2) - [E(X)]^2 = G''(1) + G'(1) - [G'(1)]^2.$$

12.6 Übungen

Übung 12.1. Die Lucas-Zahlen L_n erfüllen dieselbe Rekursion $L_n = L_{n-1} + L_{n-2}$ wie die Fibonacci-Zahlen, besitzen jedoch die Anfangswerte $L_0 = 2$ und $L_1 = 1$. Bitte geben Sie die erzeugende Funktion sowie eine geschlossene Formel für die Lucas-Zahlen an.

Übung 12.2. Was ist die erzeugende Funktion der Zahlen a_n, welche durch die Rekursion $a_n = 3a_{n-1} - a_{n-2}$ und Anfangswerte $a_1 = a_2 = 1$ definiert sind?

Übung 12.3. Geben Sie bitte die erzeugende Funktion für die Rekursion $b_n = b_{n-1} + b_{n-2} + b_{n-3}$ mit Anfangswerten $b_0 = b_1 = b_2 = 1$ an.

Übung 12.4. Auf wie viele Arten lassen sich 15 Cent in kleinere Münzen (10 Cent, 5 Cent, 2 Cent, 1 Cent) wechseln?

Übung 12.5. Berechnen Sie mit dem Ansatz über erzeugende Funktionen den Erwartungswert der geometrischen Verteilung, definiert durch die Wahrscheinlichkeit $Pr(X = i) = p_i = a^{i-1}(1-a)$ für $0 < a < 1$ und $i = 1, 2, 3, \ldots$

Kapitel 13
Analyse von Algorithmen

Inhalt

13.1	Einleitung	171
13.2	Die Landau-Symbole	172
13.3	Stirling-Formel	176
13.4	Komplexität einiger Algorithmen	177
13.5	Das Problem P ungleich NP	178
13.6	Einwegfunktionen	179
13.7	Übungen	181

13.1 Einleitung

Mathematische Methoden werden in der Informatik oft benutzt, um die Laufzeit von Algorithmen zu analysieren. Dabei werden die einzelnen Rechenschritte gezählt, die ein Algorithmus zur Bewältigung der gestellten Aufgabe bei Eingabe einer gewissen Größe – oft mit n bezeichnet – benötigt.

Es ist dabei zu definieren, was ein einzelner Rechenschritt ist. In der Literatur wird dabei oft auf das Konzept der Turing-Maschine zurückgegriffen, da dort ein Rechenschritt sehr klar ist (Bewegung des Schreib-/Lesekopfes sowie ggf. Änderung des Bandinhalts). Dieses Rechnermodell ist leider nicht sehr realistisch. Die heute benutzten Mikroprozessoren sind durch Registermaschinen beschrieben, wo ein einzelner Rechenschritt im Prinzip einem einzelnen Befehl in Maschinensprache entspricht. Hier ist dann aber die Rechenzeit für einen Befehl nicht so klar. Werden mehrere Speicherzellen miteinander verknüpft (etwa durch Addition), dauert die Ausführung länger als bei Befehlen, die nur eine Speicherzelle adressieren (etwa das Heraufsetzen um eine Einheit).

Oft zählt man auch Additionen, Multiplikationen oder Iterationen einer Schleife, die selbst wieder aus einer Reihe von Maschinensprachbefehlen zusammengesetzt sind. Hier würde es dann wirklich zu weit führen, jeden einzelnen Rechenschritt abzuzählen.

Deshalb argumentiert man in der Regel so, dass eine einzelne Iteration höchstens eine konstante Anzahl Schritte benötigt, wobei man an der genauen Konstante gar nicht so sehr interessiert ist. Für solche Größenordnungen gab es bereits in der Zahlentheorie ein sehr nützliches Konzept: die O-Notation, die auf Edmund Landau zurückgeht. Diese werden wir zunächst kurz vorstellen.

Eine weitere nützliche Annäherung für die Fakultät, die oft als Zählfunktion in Erscheinung tritt, gibt die Stirling-Formel.

Die bereits besprochenen Rechenverfahren euklidischer Algorithmus und schnelles Exponenzieren werden dann mithilfe der $\mathcal{O}$-Notation genau auf ihre Laufzeit hin analysiert. Es stellt sich heraus, dass der Unterschied zwischen polynomieller und exponentieller Laufzeit den kritischen Unterschied zwischen (etwas grob gesagt) einfach und komplex ausmacht. Dies führt zum bekannten P-NP-Problem und dem für die Kryptografie so wichtigen Konzept der Einwegfunktion.

Eine ausführliche Einführung in die Theorie der Algorithmen und deren Analyse ist z. B. [10].

13.2 Die Landau-Symbole

Oft sind wir nicht an exakten Ergebnissen, sondern an der Größenordnung der Komplexität eines Problems interessiert. Dazu wird in der Regel die folgende Notation benutzt, die von Landau in der Zahlentheorie eingeführt wurde und auch als $\mathcal{O}$-**Notation** bezeichnet wird.

Das Landau-Symbol $\mathcal{O}$ wird verwendet, um das Wachstum von Folgen abzuschätzen.

Beispiel 13.1. Das Polynom $n^2 + 2n + 1$ verhält sich für große n wie n^2:

$$n^2 + 2n + 1 = n^2 \left(1 + \frac{2}{n} + \frac{1}{n^2}\right)$$

Für große n strebt die Folge in den Klammern gegen 1, sodass sich die Folge wie n^2 verhält. Mit dem Landau'schen Symbol wird dies beschrieben:

13.2 Die Landau-Symbole

$$n^2 + 2n + 1 = \mathcal{O}(n^2)$$

$\mathcal{O}(n^2)$ steht für eine Menge, weshalb die Schreibweise $n^2 + 2n + 1 \in \mathcal{O}(n^2)$ dies genauer darstellt als $n^2 + 2 + 1 = \mathcal{O}(n^2)$. Das Gleichheitszeichen ist daher hier nicht im üblichen mathematischen Sinn zu interpretieren.

Die Notation „groß $\mathcal{O}$" steht für das Verhältnis von zwei Funktionen $t(n)$ und $s(n)$, sodass $\left|\frac{t(n)}{s(n)}\right| < c$ gilt für eine reelle Konstante c. Man schreibt dafür

$$t(n) = \mathcal{O}\big(s(n)\big)$$

und liest: $t(n)$ ist groß $\mathcal{O}$ von $s(n)$. Dies bedeutet, dass $t(n)$ höchstens von der Ordnung wie $s(n)$ wächst.

Beispiel 13.2.

$$\frac{t(n)}{s(n)} = \frac{n^2 + 2n + 1}{n^2} = \frac{n^2\left(1 + \frac{2}{n} + \frac{1}{n^2}\right)}{n^2} = \left(1 + \frac{2}{n} + \frac{1}{n^2}\right)$$

$t(n) = n^2 + 2n + 1$ wächst mit derselben Ordnung wie $s(n) = n^2$, denn $\left(1 + \frac{2}{n} + \frac{1}{n^2}\right) < 1 + 2 + 1 = 4$ für alle n und damit $t(n) \leq 4 \cdot s(n)$ (es ist sogar $\lim_{n\to\infty} \frac{t(n)}{s(n)} = 1$).

Gilt für $\lim_{n\to\infty} \frac{t(n)}{s(n)} = 0$, dann schreibt man

$$t(n) = o\big(s(n)\big).$$

Man liest: $t(n)$ ist klein o von $s(n)$. $t(n)$ wächst mit kleinerer Ordnung als $s(n)$. Für $t = \mathcal{O}(s)$ wächst also s mindestens so schnell wie t, im Fall $t = o(s)$ wächst sogar s asymptotisch schneller als t.

Beispiel 13.3. Ist $t(n) = n^2$, so gilt $n^2 = o(n^3)$, weil $\lim_{n\to\infty} \frac{n^2}{n^3} = 0$ ist.

Die Bezeichnungen mit dem Landau'schen Symbol für zwei Funktionen t und s sind:

$t = \mathcal{O}(s)$ wenn $t(n) \leq c \cdot s(n)$ für eine Konstante c und alle $n \in \mathbb{N}$
$t = \Omega(s)$ wenn $s = \mathcal{O}(t)$
$t = \Theta(s)$ wenn $t = \mathcal{O}(s)$ und $s = \mathcal{O}(t)$
$t = o(s)$ wenn $\lim\limits_{n\to\infty} \dfrac{t(n)}{s(n)} = 0$
$t = \omega(s)$ wenn $s = o(t)$
t wächst *polynomiell*, wenn $t = \mathcal{O}(p)$ für ein Polynom p
t wächst *exponentiell*, wenn $t = \Omega(2^{n^\varepsilon})$ für ein $\varepsilon > 0$

Ist $t = \Theta(s)$, so wachsen beide Funktionen etwa gleich schnell, in dem Sinne, dass $\lim\limits_{n\to\infty} \left(\dfrac{t(n)}{s(n)}\right) = c$ für eine Konstante $c > 0$. Hierfür schreibt man auch kurz $t \approx s$.

Beispiel 13.4. $\sqrt{n} = \mathcal{O}(n)$, denn $\lim\limits_{n\to\infty} \dfrac{\sqrt{n}}{n} = \lim\limits_{n\to\infty} \dfrac{1}{\sqrt{n}} = 0$.

Beispiel 13.5. Die Fibonacci-Zahlen F_n wachsen exponentiell:

$$F(n) \approx \left(\frac{\sqrt{5}+1}{2}\right)^n$$

Dazu betrachten wir die exakte Formel

$$F(n) = \frac{1}{\sqrt{5}} \left(\left(\frac{1+\sqrt{5}}{2}\right)^{n+1} + \left(\frac{1-\sqrt{5}}{2}\right)^{n+1}\right).$$

Da $\left|\frac{1-\sqrt{5}}{2}\right| = 0.61... < 1$, sind auch deren Potenzen kleiner als 1, und die Größenordnung wird allein durch die Basis $\frac{1+\sqrt{5}}{2} = 1.61... > 1$ bestimmt. Es gilt $F(n) = \mathcal{O}\left(\left(\frac{\sqrt{5}+1}{2}\right)^n\right)$.
Die obige Approximation reicht für die spätere Analyse des euklidischen Algorithmus völlig aus. Es sei aber erwähnt, dass die genauere Schätzung

$$F(n) \approx \frac{1}{\sqrt{5}} \left(\frac{\sqrt{5}+1}{2}\right)^{n+1}$$

sehr exakt ist. So ist etwa die neunte Fibonacci-Zahl $F_9 = 55$ und $\frac{1}{\sqrt{5}}\left(\frac{\sqrt{5}+1}{2}\right)^{10} = 55.00363...$

13.2 Die Landau-Symbole

Beispiel 13.6. $\binom{n}{2} = \mathcal{O}(n^2)$, denn es gilt:

$$\binom{n}{2} = \frac{n(n-1)}{2} \leq n^2$$

Übrigens ist auch $n^2 = \mathcal{O}(\binom{n}{2})$, da etwa für die Konstante $c = 4$ (und $n > 2$) gilt:

$$n^2 \leq 2n(n-1) = 4\binom{n}{2}$$

Also gilt auch $\binom{n}{2} = \Theta(n^2)$.

Beispiel 13.7. Die Laufzeitanalyse der Rekursion der Fibonacci-Zahlen (R-Code 11.2) kann wie folgt untersucht werden. Wir unterstellen, dass mit jeder Anweisung ein Aufwand von 1 verbunden ist. Dann erhalten wir für die Rekursion:

$$t(n) = 4 + t(n-1) + t(n-2) + 1$$

Wir fassen $t(n-1)$ und $t(n-2)$ zusammen zu $2t(n-1)$:

$$= 5 + 2t(n-1)$$
$$= 5 + 2\left[5 + 2t(n-2)\right] = 5 + 2 \cdot 5 + 4t(n-2)$$
$$= 5 + 2 \cdot 5 + 4\left[5 + 2t(n-3)\right] = 5 + 2 \cdot 5 + 4 \cdot 5 + 8t(n-3)$$
$$\vdots$$
$$= 5 \sum_{i=0}^{n-1} 2^i + 2^n t(1)$$
$$= 5(2^n - 1) + 2^n \cdot 5 \Rightarrow \mathcal{O}(2^n)$$

Im letzten Durchlauf $t(1)$ werden fünf Anweisungen durchlaufen. Die Rekursion gehört zur Komplexitätsklasse $\mathcal{O}(2^n)$. Die Laufzeitanalyse für die while-Schleife ist Übung 13.2.

13.3 Stirling-Formel

Eine sehr wichtige Zählfunktion ist bekanntlich die Fakultät, die auch oft in der Analyse von Algorithmen benötigt wird.

Beispiel 13.8. Es gibt $n!$ viele Reihenfolgen, n verschiedene Zahlen anzuordnen. Ein Algorithmus zum Sortieren dieser Zahlen muss also für jede mögliche Reihenfolge die gewünschte aufsteigende oder absteigende Sortierung liefern.

Beispiel 13.9. Ein wichtiges Problem in der Praxis ist die Tourenplanung. Beim Traveling-Salesman-Problem soll ein Handlungsreisender n verschiedene Städte besuchen und dabei die kürzeste Rundreise finden. Da es $n!$ mögliche Rundreisen gibt, würde das naive Ausprobieren aller Alternativen zum Vergleich von $n!$ verschiedenen Streckenlängen führen, was schon bei etwa 30 Städten auch mit schnellsten Rechnern kaum noch praktikabel ist. Bis heute ist allerdings nicht bekannt, ob es wesentlich bessere Verfahren gibt.

Die Größenordnung der Fakultät kann man allerdings nicht sofort ersehen. Offensichtlich ist im Produkt $n! = n \cdot (n-1) \cdots 2 \cdot 1$ jeder einzelne Faktor $\leq n$, sodass sich als eine grobe Abschätzung $n! \leq n^n$ ergibt – oder in Landaus Notation $n! = O(n^n)$. Diese Abschätzung ist nicht sehr genau, trotzdem ist aus der Formel nicht sofort ersichtlich, ob man etwa $n! = O(n^n)$ durch $n! = o(n^n)$ ersetzen kann.

Es gibt jedoch eine bessere Schätzung für die Fakultät, die ungefähr wie $(\frac{n}{e})^n$ wächst, wobei $e = 2.71828\ldots$ die Euler-Zahl ist. Diese Schätzung wird als **Stirling-Formel** bezeichnet:

$$\sqrt{2\pi n} \cdot (\frac{n}{e})^n \cdot e^{\frac{1}{12n+1}} < n! < \sqrt{2\pi n} \cdot (\frac{n}{e})^n \cdot e^{\frac{1}{12n}}$$

Die Stirling-Formel gibt es in verschiedenen Varianten, oft wird auch einfach

$$n! \approx \sqrt{2\pi n} \cdot (\frac{n}{e})^n$$

geschrieben, wobei hier $\approx$ bedeutet, dass $\lim_{n \to \infty} \left(\frac{1}{n!} \cdot \sqrt{2\pi n} \cdot (\frac{n}{e})^n \right) = 1$.

Auch die Approximation von $n!$ durch $(\frac{n}{e})^n$ ist schon ausreichend für viele Anwendungen. Mit dieser Approximation wird nun deutlich, dass $n! = o(n^n)$ gilt, weil $\lim_{n \to \infty} \frac{n!}{n^n} = 0$ gilt.

Als Beispiel wollen wir noch einmal auf das Problem der Sortierung von n verschiedenen Zahlen zurückkommen. Da die Zahlen in jeder der $n!$ möglichen Reihenfolgen sortiert werden müssen, gibt es also $n!$ verschiedene Eingaben. Da diese Eingaben binär codiert werden, benötigt also jeder Sortieralgorithmus schon mindesten $\log_2(n!)$ viele Schritte. Dies ergibt als untere Schranke für die Komplexität $C(n)$ des Sortierens bei Eingabe von n Zahlen.

$$C(n) \geq \log_2(n!) \approx \log_2(\frac{n}{e})^n = n \cdot \log_2 \frac{n}{e} \approx n \cdot log_2(n)$$

Gute Sortierverfahren wie Quicksort erreichen diese untere Schranke asymptotisch, zumindest im Durchschnitt. Naheliegende Verfahren wie Bubblesort benötigen dagegen ungefähr n^2 viele Schritte.

13.4 Komplexität einiger Algorithmen

Euklidischer Algorithmus Beim euklidischen Algorithmus (Abschnitt 7.5) wird in jedem Schritt eine Rekursion $r_t = q_{t-1} \cdot r_{t-1} + r_{t-2}$, berechnet bis mit dem letzten r_t der größte gemeinsame Teiler gefunden wurde. Die q_{t-1} sind dabei sämtliche ganze Zahlen, die größer als 1 sind. Die Rechnung dauert am längsten, wenn alle $q_{t-1} = 1$ sind. Dann ergibt sich aber die Rekursion $r_t = r_{t-1} + r_{t-2}$ der Fibonacci-Zahlen. Für diese Zahlen wissen wir allerdings, dass sie asymptotisch wie $F_n \approx \phi^n$ wachsen, wobei $\phi = \frac{1+\sqrt{5}}{2}$ der Goldene Schnitt ist. Im schlimmsten Fall benötigt man für zwei Zahlen $m > b$ also $O(\log_\phi m)$ Schritte, um deren größten gemeinsamen Teiler zu ermitteln.

Ermittlung der modularen Inversen Zur Ermittlung der modularen Inversen $b^{-1} \mod m$, wird der euklidische Algorithmus angewandt. Zusätzlich merkt man sich die Zahlen q_{t-1} und verrechnet diese rückwärts mit der Inversen. Diese zusätzliche Rechnung benötigt wieder $O(\log_\phi m)$ viele Schritte.

Schnelles Exponenzieren Die Berechnung der Potenz $y = b^x \mod n$ ist über das wiederholte Quadrieren schnell möglich. Da $x < n$, werden höchstens $m = \lfloor \log_2 n \rfloor$ viele Quadrate $x^2, x^4, x^8, ..., x^m$ berechnet und dann geeignet aufmultipliziert. Dies benötigt höchstens $2\log_2 n$ viele Multiplikationen.

13.5 Das Problem P ungleich NP

In der Komplexitätstheorie untersucht man oft, ob ein Algorithmus polynomielle oder exponentielle Laufzeit hat. Grob gesagt gelten Probleme, welche man in polynomieller Laufzeit lösen kann, als einfach, während Probleme, die Algorithmen mit exponentieller Laufzeit benötigen, als schwierig gelten.

Diese Unterteilung ist, wie gesagt, recht grob. So ist 1.000001^n ein exponentieller Ausdruck, während n^{100000} polynomiell ist. Die erste Zahl ist aber für wesentlich mehr n in vertretbarer Zeit zu berechnen als die zweite. Eine solche Laufzeit ist deshalb für Probleme in der Praxis häufig uninteressant.

Für viele Probleme liegt jedoch die folgende Situation vor: Der beste bekannte Algorithmus hat exponentielle Laufzeit, und man hat großes Interesse daran, ein schnelleres Verfahren zu finden, welches aber eine polynomielle Laufzeit besitzen soll. So ist für das Traveling-Salesman-Problem bis heute im Wesentlichen nichts Besseres bekannt, als die Länge aller $n!$ Rundreisen zu berechnen und dann die kürzeste auszuwählen. Da dieses Verfahren schon für kleine n an seine Grenzen stößt, greift man hier auf Kompromisse wie Heuristiken oder annähernd gute Lösungen zurück.

Dies führt oft zu Entscheidungsproblemen, die man nur mit ja oder nein beantworten kann. Hat man etwa bereits eine Rundreise gefunden, die 1000 km lang ist, kann man fragen, ob es noch eine kürzere Rundreise gibt.

Hier setzt jetzt der Begriff des Nichtdeterminismus an. Hätte man die Möglichkeit (durch Intuition oder durch einen Experten), diese kürzere Rundreise zu erhalten, so ist die Verifikation ganz einfach. Die Teilstrecken werden aufaddiert, und man stellt fest, dass deren Summe kleiner als 1000 ist. Nichtdeterminismus erlaubt also, die richtige Lösung zu erraten. Die Verifikation ist dann in polynomieller Zeit möglich.

Die Klasse NP umfasst jetzt die Entscheidungsprobleme, welche nichtdeterministisch in polynomieller Zeit zu lösen sind. Die Klasse P enthält diejenigen Entscheidungsprobleme, für die es einen deterministischen Algorithmus (ohne Raten) gibt, der für jede Eingabe in polynomieller Laufzeit die korrekte Lösung ausgibt.

Obwohl das erlaubte Raten im Nichtdeterminismus einen erheblichen Vorteil darstellt, ist bis heute nicht bekannt, ob die beiden Klassen P und NP gleich oder verschieden sind. Dies ist das wohl wichtigste ungelöste Problem in der Theoretischen Informatik, zu dessen Lösung auch erhebliche Geldbeträge ausgesetzt sind.

Einige Aufgaben, die sogenannten **NP-vollständigen** Probleme, haben sich dabei als kritisch erwiesen. Fände man zum Beispiel einen polynomiellen Algorithmus für das Traveling-Salesman-Problem, so wäre $P \neq NP$ bewiesen. Das historisch erste NP-vollständige Problem ist übrigens eng mit dem Kapitel 2 verbunden.

Beim Erfüllbarkeitsproblem hat man als Eingabe einen logischen Ausdruck in n Variablen durch logisches $\vee$, $\wedge$ bzw. $\neg$ verknüpft. Die Frage ist nun, ob es eine Belegung der Variablen gibt, sodass dieser Ausdruck wahr wird (also Ergebnis 1 hat). Könnte man eine günstige Variablenbelegung erraten, so würde die Verifikation ungefähr n Schritte dauern, da jede Variable berücksichtigt werden muss. Kann man nicht raten, so ist bis heute nicht viel Besseres bekannt, als alle 2^n möglichen Variablenbelegungen (0 oder 1 für jede der n Variablen) durchzuprobieren.

Eine sehr gute Darstellung der P-NP-Problematik findet sich in [6].

13.6 Einwegfunktionen

Die Sicherheit in der Public-Key-Kryptografie beruht im Wesentlichen auf dem Konzept der **Einwegfunktion**, das wir jetzt hier etwas genauer erläutern.

Es geht dabei um die Berechnung des Wertes $y = f(x)$. Bei einer Einwegfunktion ist diese Berechnung schnell möglich, das heißt in Laufzeit polynomiell in der Länge der Eingabe x. Andererseits ist die Berechnung $x = f^{-1}(y)$, also die Berechnung von x aus dessen Funktionswert y sehr langsam, konkret gesagt, nur in exponentieller Laufzeit der Länge der Eingabe x möglich.

Eine genauere Definition möchten wir an dieser Stelle nicht geben, da hier auch probabilistische Algorithmen zugelassen werden. Vereinfacht gesagt, kann man eine Einwegfunktion für jede mögliche Eingabe in weniger als einer Minute berechnen, während die Berechnung der Umkehrfunktion nach heutigem Stand von Kenntnis und Technik mehrere Jahre dauert.

Es ist übrigens nicht bewiesen, dass es solche Einwegfunktionen überhaupt gibt. Das hängt auch damit zusammen, dass viele Einwegfunktionen auf NP-vollständigen Problemen basieren. Würde etwa gezeigt, dass P = NP ist, so wären diese Funktionen bald nicht mehr zum Verschlüsseln brauchbar. Ein ähnliches Phänomen bedroht gerade die Sicherheit der Einwegfunktionen, die auf Primzahlen beruhen, insbesondere RSA: Es können nämlich Quantencomputer so schnell faktorisieren, wie die besten Algorithmen Primzahlen erzeugen. Werden solche Quantencomputer realisierbar (und das scheint sich am Horizont anzubahnen), gibt es keinen Komplexitätsunterschied mehr zwischen Primzahlerzeugung und Faktorisierung, sodass das RSA-System hinfällig wäre.

Trotzdem soll hier das Konzept der Einwegfunktion noch einmal an den für die Kryptografie wichtigen Beispielen erläutert werden:

Beispiel 13.10. Exponenzieren – diskreter Logarithmus: Wie oben gesehen, benötigt das schnelle Exponenzieren höchstens $O(\log_2 n)$ viele Multiplikationen, ist also polynomiell in $\log_2 n$. Zur Berechnung der Umkehrfunktion, des diskreten Logarithmus $x = \log_b y$ modulo n, ist bis heute kein wesentlich besseres Verfahren bekannt, als alle Potenzen b^t auszurechnen, bis $t = x$ gefunden wurde. Dies benötigt im schlimmsten Fall $n = 2^{\log_2 n}$, also exponentiell viele Versuche, und ist auch im Durchschnitt nicht viel schneller zu bewerkstelligen.

Beispiel 13.11. Faktorisierung zusammengesetzter Zahlen: Im RSA-Verfahren (Abschnitt 9.6) wird das Produkt $n = p \cdot q$ zweier Primzahlen p und q veröffentlicht. Die Sicherheit beruht darauf, dass es wesentlich schnellere Verfahren zum Erzeugen von Primzahlen gibt als zum Faktorisieren zusammengesetzter Zahlen. Die Erzeugung erfolgt über den kleinen Fermat'schen Satz: Es wird für ca. 20 bis 30 Basen b getestet, ob $b^{n-1} \equiv 1 \mod n$ ist. Ist dies immer der Fall, so hat man mit hoher Wahrscheinlichkeit eine Primzahl gefunden. Dieser Test benötigt mit dem schnellen Exponenzieren weniger als $30 \cdot 2\log_2(n)$, also $O(\log_2 n)$ Multiplikationen. Dies ist polynomiell in $\log_2 n$ der Anzahl Bits von n. Hingegen ist bis heute kein wesentlich besseres Verfahren zum Faktorisieren einer zusammengesetzten Zahl n bekannt, als n durch alle kleineren Zahlen $2, \ldots, \sqrt{n}$ zu dividieren, bis man einen Teiler gefunden hat. Dieses Verfahren benötigt also $\sqrt{n} = 2^{0.5\log_2 n}$ Divisionen, was offensichtlich exponentiell in $\log_2 n$ ist.
Wie gesagt, sollten sich Quantencomputer realisieren lassen, so wäre das Faktorisieren nicht mehr komplexer als die Erzeugung von Primzahlen. Außerdem muss man vorsichtig mit der Wahl der Primzahlen sein und sollte dies besser Experten überlassen. Es gibt jedoch einige Algorithmen, die $n = p \cdot q$ schnell faktorisieren können, wenn p oder q nicht gut gewählt wurden.

Beispiel 13.12. Berechnung des geheimen Schlüssels im RSA-System: Der geheime Schlüssel d im RSA-System wird ja über die Identität $d = e^{-1}$ mod $(p-1)(q-1)$ mit dem euklidischen Algorithmus ermittelt. Da $e < (p-1)(q-1) < pq = n$, ist diese Berechnung in $O(\log_\phi n)$, $\phi = \frac{1+\sqrt{5}}{2}$, Schritten möglich. Einem Gegner, der die Zahl $(p-1)(q-1)$ nicht kennt (veröffentlicht wird ja nur $n = pq$), bleibt bis heute nichts anderes übrig, als fast alle $(p-1)(q-1)$ mögliche Berechnungen $t \cdot d$ mod $(p-1)(q-1)$ durchzuführen, bis sich als Ergebnis die 1 ergibt.

Beispiel 13.13. Hashfunktionen: Die kryptografischen Hashfunktionen sind Einwegfunktionen, da $y = h(x)$ sehr schnell berechnet werden kann, aber aus dem Hashwert y nicht in vergleichbar schneller Laufzeit auf den Wert $x = h^{-1}(y)$ geschlossen werden kann. Hier muss man jedoch eigentlich etwas genauer sein, da es zu einem y natürlich mehrere x mit $h(x) = y$ geben kann.

13.7 Übungen

Übung 13.1. Zeigen Sie, dass für jedes feste k der Binomialkoeffizient $\binom{n}{k} = \mathcal{O}(n^k)$ ist und somit polynomiell wächst.

Übung 13.2. Zeigen Sie, dass der zentrale Binomialkoeffizient $\binom{2n}{n}$ exponentiell in n wächst.

Übung 13.3. Analysieren Sie den zentralen Binomialkoeffizienten $\binom{2n}{n}$ genauer mit der Stirling-Formel.

Übung 13.4. Zeigen Sie, dass $\ln(n) = o(\sqrt{n})$.

Übung 13.5. Warum sind Post-Quantum-Kryptografie-Verfahren so wichtig?

Übung 13.6. Zeigen Sie, dass die Berechnung der Fibonacci-Zahlen mit einer while-Schleife (R-Code 11.3) zur Komplexitätsklasse $\mathcal{O}(n)$ gehört.

Kapitel 14
Einführung in neuronale Netze

Inhalt

14.1	Einleitung	183
14.2	Funktionsweise eines Neurons	185
14.3	Lernen durch Anpassung der Gewichte	186
14.4	Struktur neuronaler Netze und Deep Learning	189
14.5	Übungen	190

14.1 Einleitung

Üblicherweise erfolgt die Lösung eines Problems durch einen Computer, indem ein Algorithmus entworfen, programmiert und anschließend implementiert wird. Der Algorithmus wird dann für jede gewünschte Eingabe vom Computer schrittweise abgearbeitet, bis das Ergebnis ermittelt wurde.

Durch die hohe Rechengeschwindigkeit der heutigen Prozessoren sind inzwischen auch kompliziertere Aufgaben wie Text- oder Bildverarbeitung, Tabellenkalkulation oder Datenverwaltung durch Computer wesentlich effizienter zu bewerkstelligen als durch mechanische Maschinen oder gar von Menschenhand.

Obwohl die Computer von Generation zu Generation immer mehr Geschwindigkeit, Speicherplatz und Kommunikationsmöglichkeiten besitzen und auch für spezielle Aufgaben effizientere Architekturen wie Parallelrechner zur Verfügung stehen, zeigen sich doch gewisse Grenzen im Einsatz ab.

Die Analyse großer Datenmengen ist mit herkömmlichen Statistikprogrammen etwa kaum noch zu bewältigen. Selbst einfache Aufgaben wie die Berechnung eines Mittelwertes oder der Varianz führen bei einer Milliarde Daten zu unerwünscht langen Rechenzeiten.

Vielfach sind Entscheidungen in kurzer Zeit zu treffen, etwa ob eine Spammail oder ein Hackerangriff vorliegt. Dies wird aus gewissen Mustern in den Kommunikationsdaten ermittelt, für deren Berechnung herkömmliche Methoden einfach zu zeitaufwendig sind.

Diese großen Datenmengen fallen insbesondere bei den führenden IT-Unternehmen wie Amazon, Facebook, Google, IBM oder Microsoft täglich an und sind unter dem Begriff **Big Data** heute in aller Munde.

Neben der Berechnung stellt auch bereits der Zugriff auf die Daten ein Problem dar. Standardsoftware wie Excel hat doch einen begrenzten Speicherplatz, sodass die Daten oft verteilt sind und per speziellem Code in den jeweiligen Speicher eingelesen werden müssen. Deshalb sind etwa Python und R heute so wichtig, da sie solche Codes bereitstellen und sich auch als Standard durchgesetzt haben.

Zur Berechnung bei Problemen mit Big Data wird heute das maschinelle Lernen bevorzugt. Hierbei wird dem Computer nicht mehr jeder Rechenschritt einprogrammiert, sondern er lernt sozusagen selbst aus den Daten. Vorbild ist dabei das menschliche Gehirn, das im Wesentlichen ein Netzwerk von einzelnen Nervenzellen – den Neuronen – ist. Deshalb spricht man bei diesem Ansatz auch von **Künstlicher Intelligenz** (KI) oder auf Englisch Artificial Intelligence (AI).

Die Funktionsweise eines Neurons ist schon seit den 1940er Jahren erforscht worden. Im nächsten Kapitel wird diese kurz vorgestellt werden. Anschließend wird anhand eines einfachen Beispiels der Lernprozess in einem neuronalen Netz dargelegt.

In der Folge wurden auch neuronale Netze konstruiert und für Aufgaben wie Mustererkennung bei Bildern oder Sprache eingesetzt. Die Fortschritte waren durchaus bemerkenswert; der große Durchbruch bezüglich der Aufmerksamkeit in der Öffentlichkeit gelang aber erst unlängst, indem nämlich das Programm Alpha Go im Jahr 2017 die besten menschlichen Go-Spieler überzeugend bezwingen konnte. Spiele wie Schach oder Go galten immer als Benchmark für die Künstliche Intelligenz. Bereits 1998 unterlag der damalige Schachweltmeister Gary Kasparow im Wettkampf dem Computer Deep Thought, der von IBM entwickelt worden war. Deep Thought war noch programmiert worden. Zur Optimierung wurde aber schon spezielle Hardware eingesetzt. Im Gegensatz dazu beruht die Spielstärke von Alpha Go und dem Nachfolgeprojekt Alpha Zero zu einem großen Teil auf Künstlicher Intelligenz.

Neuronale Netze müssen trainiert werden. Sie lernen in der Regel aus Beispielen, die ihnen vorgelegt werden. Je mehr Daten dazu zur Verfügung stehen, desto besser wird das neuronale Netz arbeiten. Big Data und Künstliche Intelligenz ergänzen sich also hier vortrefflich: Neuronale Netze benötigen Big Data, um gut trainiert zu werden, und Big Data benötigen neue Rechnermodelle (speziell neuronale Netze), da herkömmliche Computer die großen Datenmengen nicht mehr effizient genug verarbeiten können.

In diesem Kapitel geben wir nur eine kurze Einführung in die neuronalen Netze. Weiterführende Literatur ist z. B. [5].

14.2 Funktionsweise eines Neurons

Ein Neuron arbeitet im Wesentlichen gemäß einem einfachen Prinzip. In der Nervenzelle wird ein Energiepotenzial aufgebaut. Ist ein gewisses Niveau – ein Schwellenwert – erreicht, so baut sich dieses Potenzial sofort ab, und das Neuron gibt Energie ab. Man sagt auch, dass das Neuron feuert. Die Energie wird an benachbarte Neuronen abgegeben, die auf diese Art ebenfalls nach und nach Energiepotenzial aufbauen, bis sie selbst feuern.

Grundlegende Bausteine eines Neurons sind die Dendriten, der Zellkern und das Axon. Über die Dendriten werden Signale von den Nachbarneuronen aufgenommen. Diese werden an den Zellkern weitergeleitet. Hat sich dort genügend Energiepotenzial aufgebaut, wird also der Schwellenwert erreicht, baut sich das Potenzial sofort ab und wird über das Axon abgeleitet. An den Enden des Axons wird die Energie über Botenstoffe, die Neurotransmitter, an benachbarte Neuronen weitergeleitet und von deren Dendriten aufgenommen.

Die Übertragung des biologischen Vorbilds lässt sich recht einfach mathematisch modellieren (Abb. 14.1).

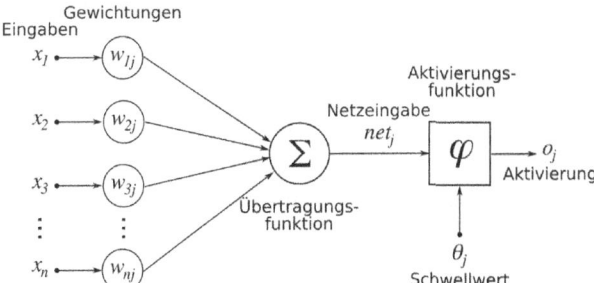

Abb. 14.1: Schema eines künstlichen Neurons mit Index j. (Chrislb, https://de.wikipedia.org/wiki/Künstliches_neuronales_Netz, veröffentlicht unter der Creative Commons Attribution 1.0 Generic License https://en.wikipedia.org/wiki/en:Creative_Commons, 2005)

Die Dendriten werden durch Kanten modelliert, die gemäß ihrer Stärke gewichtet sind. Trifft ein Signal x_i an Kante i ein, wird es gewichtet (also multipliziert mit dem Gewicht w_i) als $w_i x_i$ zum Zellkern weitergeleitet. Gibt es n Dendriten, sammelt sich also im Zellkern Energie in Summe von $w_1 x_1 + w_2 x_2 + \cdots + w_n x_n$ an. Ist nun diese Summe größer als ein Schwellenwert Θ (also $\sum_{i=1}^{n} > \Theta$), feuert das Neuron und gibt Signale an die Nachbarneuronen ab.

14.3 Lernen durch Anpassung der Gewichte

Im folgenden einfachen Beispiel soll demonstriert werden, wie ein neuronales Netz lernt. Das Lernen geschieht durch Anpassung der **Gewichte im Neuron**.

Beispiel 14.1. Dazu betrachten wir ein Perzeptron, das aus zwei Eingabe- und einem Ausgabeneuron besteht. Dieses neuronale Netz soll lernen, das logische OR, also die Funktion $x_1 \lor x_2 = z$, zu berechnen, das heißt für jede Eingabe (x_1, x_2) den korrekten Wert z zu berechnen.
Die beiden Neuronen für die Eingaben x_1 und x_2 sind jeweils mit dem Ausgabeneuron z verbunden. Dabei können x_1, x_2 und z hier nur die Werte 0 und 1 annehmen. Wird in der Summe $w_1 x_1 + w_2 x_2$ der Schwellenwert von $\Theta = 0.5$ überschritten, feuert das Ausgabeneuron, was bedeutet, dass $z = 1$ die Ausgabe ist. Wird $\Theta = 0.5$ nicht überschritten, feuert das Ausgabeneuron nicht, und somit ist dann $z = 0$.
Während des Lernprozesses werden dem Perzeptron sukzessive die Eingaben $(0,0)$, $(0,1)$, $(1,0)$, $(1,1)$ zusammen mit dem korrekten Ergebnis präsentiert – so lange, bis auch das neuronale Netz immer das richtige Ergebnis ausgibt.
Es ist leicht zu sehen, dass dies für Gewichte $w_1, w_2 > 0.5$ der Fall ist. Sind etwa $w_1 = w_2 = 0.6$, so ist für
$(x_1, x_2) = (0,0)$: $0.6 \cdot 0 + 0.6 \cdot 0 = 0 \leq 0.5$ und $z = 0$,
$(x_1, x_2) = (0,1)$: $0.6 \cdot 0 + 0.6 \cdot 1 = 0.6 > 0.5$ und $z = 1$,
$(x_1, x_2) = (1,0)$: $0.6 \cdot 1 + 0.6 \cdot 0 = 0.6 > 0.5$ und $z = 1$,
$(x_1, x_2) = (1,1)$: $0.6 \cdot 1 + 0.6 \cdot 1 = 1.2 > 0.5$ und $z = 1$.
Das neuronale Netz kann dies aber nicht logisch erschließen und muss diese Gewichtung lernen. Lernen erfolgt dabei durch Veränderung der Gewichte der Kanten von x_1 und x_2 zu z.
Diese sind in unserem Beispiel zunächst jeweils mit dem Wert $w_1 = w_2 = 0.3$ belegt. Wird mit den jeweiligen Gewichten bei Präsentation eines Beispiels der korrekte Wert für z ausgegeben, so erfolgt keine Änderung

14.3 Lernen durch Anpassung der Gewichte

der Gewichte. Bei Ausgabe eines falschen Wertes für z ändern sich die Gewichte wie folgt: $w_i \leftarrow w_i + x_i \cdot 0.1$
Es ergibt sich also folgender Lernprozess:

1. Runde:

   a) Präsentation von $x_1 = 0$, $x_2 = 0$ und $z = 0$: Berechnet wird $0.3 \cdot 0 + 0.3 \cdot 0 = 0 \leq 0.5$. Also wäre die Ausgabe 0 und damit korrekt berechnet, sodass eine Veränderung der Gewichte nicht erfolgt.

   b) Präsentation von $x_1 = 0$, $x_2 = 1$ und $z = 1$: Berechnet wird $0.3 \cdot 0 + 0.3 \cdot 1 = 0.3 \leq 0.5$. Die Ausgabe wäre dann wieder 0, was diesmal nicht korrekt ist. Also erfolgt die Anpassung der Gewichte gemäß unserer Lernregel durch $w_1 = 0.3 + 0 \cdot 0.1 = 0.3$ und $w_2 = 0.3 + 1 \cdot 0.1 = 0.4$.

   c) Präsentation von $x_1 = 1$, $x_2 = 0$ und $z = 1$: Berechnet wird $0.3 \cdot 1 + 0.4 \cdot 0 = 0.3 \leq 0.5$. Auch hier ist die Ausgabe 0 nicht das korrekte Ergebnis, sodass die Gewichte abgeändert werden zu $w_1 = 0.3 + 1 \cdot 0.1 = 0.4$ und $w_2 = 0.4 + 0 \cdot 0.1 = 0.4$.

   d) Präsentation von $x_1 = 1$, $x_2 = 1$ und $z = 1$: Berechnet wird $0.4 \cdot 1 + 0.4 \cdot 1 = 0.8 > 0.5$. Die Ausgabe ist damit 1 und korrekt, sodass die Gewichte nicht verändert werden.

2. Runde:

   a) Präsentation von $x_1 = 0$, $x_2 = 0$ und $z = 0$: Berechnet wird $0.4 \cdot 0 + 0.4 \cdot 0 = 0 \leq 0.5$. Also wäre die Ausgabe 0 und damit korrekt berechnet, sodass eine Veränderung der Gewichte nicht erfolgt.

   b) Präsentation von $x_1 = 0$, $x_2 = 1$ und $z = 1$: Berechnet wird $0.4 \cdot 0 + 0.4 \cdot 1 = 0.4 \leq 0.5$. Die Ausgabe wäre dann wieder 0, was nicht korrekt ist. Also erfolgt die Anpassung der Gewichte durch $w_1 = 0.4 + 0 \cdot 0.1 = 0.4$ und $w_2 = 0.4 + 1 \cdot 0.1 = 0.5$.

   c) Präsentation von $x_1 = 1$, $x_2 = 0$ und $z = 1$: Berechnet wird $0.4 \cdot 1 + 0.5 \cdot 0 = 0.4 \leq 0.5$. Die Ausgabe 0 ist wieder nicht korrekt, sodass die Gewichte abgeändert werden zu $w_1 = 0.4 + 1 \cdot 0.1 = 0.5$ und $w_2 = 0.5 + 0 \cdot 0.1 = 0.5$.

   d) Präsentation von $x_1 = 1$, $x_2 = 1$ und $z = 1$: Berechnet wird $0.5 \cdot 1 + 0.5 \cdot 1 = 1 > 0.5$. Die Ausgabe ist damit 1 und korrekt, sodass die Gewichte nicht verändert werden.

3. Runde:

a) Präsentation von $x_1 = 0$, $x_2 = 0$ und $z = 0$: Berechnet wird $0.5 \cdot 0 + 0.5 \cdot 0 = 0 \leq 0.5$. Die Ausgabe 0 wird korrekt berechnet, sodass eine Veränderung der Gewichte nicht erfolgt.
b) Präsentation von $x_1 = 0$, $x_2 = 1$ und $z = 1$. Berechnet wird $0.5 \cdot 0 + 0.5 \cdot 1 = 0.5 \leq 0.5$. Die Ausgabe 0 ist immer noch nicht korrekt, sodass die Gewichte adjustiert werden zu $w_1 = 0.5 + 0 \cdot 0.1 = 0.5$ und $w_2 = 0.5 + 1 \cdot 0.1 = 0.6$.
c) Präsentation von $x_1 = 1$, $x_2 = 0$ und $z = 1$: Berechnet wird $0.5 \cdot 1 + 0.6 \cdot 0 = 0.5 \leq 0.5$. Auch jetzt ist die Ausgabe 0 nicht das korrekte Ergebnis, sodass die Gewichte abgeändert werden zu $w_1 = 0.5 + 1 \cdot 0.1 = 0.6$ und $w_2 = 0.6 + 0 \cdot 0.1 = 0.6$.
d) Präsentation von $x_1 = 1$, $x_2 = 1$ und $z = 1$: Berechnet wird $0.6 \cdot 1 + 0.6 \cdot 1 = 1.2 > 0.5$. Die Ausgabe ist damit 1 und korrekt, sodass die Gewichte nicht verändert werden.

4. Runde:
Auch in der vierten Runde werden dem neuronalen Netz noch einmal alle vier möglichen Eingaben (x_1, x_2) mit der korrekten Ausgabe z präsentiert. Es wird jetzt keine Änderung der Gewichte mehr geben, was hier das Kriterium für den Abbruch des Lernprozesses ist.

Die Funktion im Beispiel ist natürlich sehr einfach. Zudem ist sie monoton: Wenn also die Gewichte noch größer werden, ändert sich die Berechnung nicht mehr. Hätte man ein neuronales Netz zur Berechnung des logischen XOR konstruieren wollen, wäre dies mit der einfachen Struktur (zwei Eingabe-, ein Ausgabeneuron) gar nicht möglich gewesen. Darauf soll hier aber nicht eingegangen werden.

Wichtig ist, dass das Prinzip des Lernvorgangs vorgestellt wird. Die Gewichte werden so lange adjustiert, bis das neuronale Netz seine Aufgabe erfüllt. In unserem Beispiel wird zum Schluss sogar immer korrekt gerechnet. Es gibt andere Abbruchkriterien. So kann man etwa zufrieden sein, wenn eine gewisse Genauigkeit erreicht wird oder ein Schachprogramm besser spielt als die Vorgängerversion.

Bei der Wahl der Parameter und der Lernregel hat man Freiheiten. Die Anfangswerte sind hier willkürlich gewählt. Eventuell hat man schon eine Intuition, wo ein günstiger Startpunkt liegen könnte. Die Lernregel kann natürlich anders aussehen. Hier weiß man allerdings schon, dass die Gewichte wohl nicht kleiner werden sollen. Auch der Schwellenwert muss nicht 0.5 sein.

Der Lernprozess erfolgt hier überwacht. Beim überwachten Lernen (Supervised Learning) werden dem neuronalen Netz Beispieldaten zusammen mit dem Ergebnis präsentiert. Im Gegensatz lernt das neuronale Netz bei unüberwachtem Lernen (Unsupervised Learning) allein aus den Daten.

Der wichtigste Parameter hier ist die Lernrate, also die Zahl, um welche die Gewichte abgeändert werden. Hätten wir die Lernrate sehr klein gewählt (etwa eine Abänderung der Gewichte um 0.01 statt um 0.1), so hätte es sehr lange gedauert, bis das neuronale Netz die korrekten Gewichte (dann $w_1 = w_2 = 0.51$) gefunden hätte. Eine größere Lernrate hätte in unserem Beispiel schneller zum Erfolg geführt. Hier ist jedoch Vorsicht geboten. Würde man etwa ein Minimum oder Maximum suchen, so könnte man bei zu großer Lernrate darüber hinweg springen.

Eine geeignete Wahl der Lernrate ist oft das eigentliche Kernproblem beim Trainieren eines neuronalen Netzes. Eine genaue mathematische Theorie gibt es dazu nicht, sodass man oft auf Intuition, Erfahrung und sogar mehrfaches Ausprobieren angewiesen ist.

Der Zweck heiligt hier allerdings die Mittel. Hat das neuronale Netz einmal seine Aufgabe gelernt, sind also gute Gewichte gefunden, kann es danach immer wieder eingesetzt werden.

14.4 Struktur neuronaler Netze und Deep Learning

Neuronale Netze, die in der Praxis eingesetzt werden, haben in der Regel keine direkte Verbindung von den Eingabe- zu den Ausgabeneuronen. Zwischen dieser Eingabe- und Ausgabeschicht befinden sich in der Regel Schichten aus weiteren Neuronen. Diese Schichten werden auch versteckte Schichten oder **Hidden Layer** genannt.

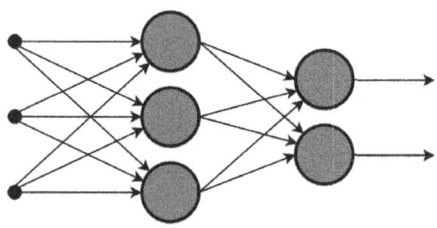

verborgene Schicht   Ausgabeschicht

Abb. 14.2: Neuronales Netz mit einer verborgenen Schicht. (Offnfopt, https://de.wikipedia.org/wiki/Künstliches_neuronales_Netz, veröffentlicht unter der Creative Commons Attribution 1.0 Generic License https://en.wikipedia.org/wiki/en:Creative_Commons, 2015)

In den versteckten Schichten findet nach Fixierung der Gewichte die eigentliche Berechnung statt. Diese Berechnung ist meistens nicht mehr so einfach wie in unserem Beispiel für das logische OR, sodass man sie in der Regel nicht mehr nachvollziehen kann. Genauer gesagt, kann für die meisten neuronalen Netze kein Mensch sagen, warum nun gerade diese finalen Gewichte gewählt wurden. Man spricht deshalb bei den versteckten Schichten auch von einer Black Box (Abb. 14.2).

Sind die Gewichte aber einmal fixiert, arbeitet das neuronale Netz recht schnell. So kann etwa in wenigen Millisekunden entschieden werden, ob eine E-Mail Spam ist oder nicht. Die E-Mail wird als Eingabe dem neuronalen Netz präsentiert. In den versteckten Schichten erfolgt die Verarbeitung, und bei Feuern des Ausgabeneurons wird etwa auf Spam entschieden.

Der Lernprozess selbst ist jedoch sehr zeitaufwendig. In der Praxis wird heute dafür auf Cloud Computern Software und auch Rechenzeit zur Verfügung gestellt, die man eventuell bezahlen muss. Bekannte Frameworks sind TensorFlow oder Keras. Zur Beschleunigung gibt es auch spezielle Hardware, die Neuronen direkt auf Chips verdrahtet. Diese ist allerdings sehr teuer und steht daher eher den Laboren von Google oder Microsoft zur Verfügung.

Wegen der langen Trainingsdauer wird in der Praxis oft nur eine versteckte Schicht benutzt. Für komplizierte Probleme wie etwa die Analyse von Spielstellungen beim Schach oder Go reicht das nicht aus. Hier haben die neuronalen Netze eine tiefere Struktur aus mehreren versteckten Schichten. Man spricht dann vom **Deep Learning**. Oft werden dabei dann auch neuronale Netze noch mit anderen Lernmethoden wie Entscheidungsbäumen oder herkömmlichen Berechnungen, kombiniert.

14.5 Übungen

Übung 14.1. Wieso investieren Unternehmen wie Google oder Amazon zurzeit so intensiv in die Künstliche Intelligenz?

Übung 14.2. Welche Wirkung hat der Schwellenwert bei der Funktion eines Neurons? Welche mathematischen Probleme können bei der Implementation dieses Schwellenwertes auftreten?

Übung 14.3. Was ist ein Hidden Layer?

Übung 14.4. Erklären Sie den Begriff Deep Learning. Welche Anwendung des „Deep Learning" hat 2016/17 für großes Aufsehen gesorgt?

Teil IV
Anhang

Anhang A
Bäume, Graphen und deren Darstellung im Computer

Inhalt

A.1	Graphen	193
A.2	Bäume	194
A.3	Zeiger	195
A.4	Darstellung von Bäumen und Graphen im Computer	196

A.1 Graphen

Ein Graph $\mathcal{G} = (\mathcal{V}, \mathcal{E})$ besteht aus einer Menge $\mathcal{V}$ und einer Untermenge $\mathcal{E} \subset \mathcal{V} \times \mathcal{V}$. Die Elemente von $\mathcal{V}$ sind die **Knoten** und die Elemente von $\mathcal{E}$ die **Kanten** des Graphen.

Ein Graph heißt **gerichtet**, wenn die Ordnung der Knoten in einer Kante $(v,w) \in \mathcal{E}$ von Bedeutung ist, also $(v,w) \neq (w,v)$. Ist dies nicht der Fall, spricht man von einem **ungerichteten** Graphen.

Graphen werden oft geometrisch interpretiert, indem man die Knoten als Punkte im Raum auffasst und eine Kante (v,w) einer Verbindung zwischen zwei Knoten v und w entspricht. Ist der Graph ungerichtet, wird diese Verbindung als Linie gezeichnet, in einem gerichteten Graphen als Pfeil.

Sind zwei Knoten durch eine Kante verbunden, werden sie auch als Nachbarn im Graphen bezeichnet. Die Anzahl der Nachbarn ist der **Grad** (*degree*) eines Knotens:
$$d(v) = |\{w \in \mathcal{V} : (v,w) \in \mathcal{E}\}|$$

In einem gerichteten Graphen wird zwischen eingehenden und ausgehenden Kanten (Pfeilen) unterschieden, was zur Definition von *indegree* ($|\{w \in \mathcal{V} : (w,v) \in \mathcal{E}\}|$) und *outdegree* ($|\{w \in \mathcal{V} : (v,w) \in \mathcal{E}\}|$) führt.

Zwei Kanten heißen **adjazent**, wenn sie genau einen gemeinsamen Knoten haben.

Beispiel A.1. Spezielle Klassen von Graphen sind oft für Anwendungen in der Informatik wichtig, etwa bei Anordnungen von Prozessoren in Parallelrechnern.

Ein **Pfad** $v_1 - v_2 - \cdots - v_k$ ist eine Folge von Kanten $e_1 = (v_1, v_2)$, $e_2 = (v_2, v_3)$, ..., $e_{k-1} = (v_{k-1}, v_k)$, in denen nur aufeinanderfolgende e_i und $e_{i+1}, i = 1, \ldots k - 2$ genau einen gemeinsamen Knoten haben (e_i und e_j sind nicht adjazent für $|i - j| \geq 2$). Die Anzahl Kanten in einem Pfad ist dessen **Länge**.

Ein Graph $(\mathcal{G})$ heißt **zusammenhängend**, wenn je zwei Knoten durch einen Pfad verbunden sind.

Ein **Kreis** ist eine Folge von Kanten $e_1 = (v_1, v_2)$, $e_2 = (v_2, v_3)$, ..., $e_{k-1} = (v_{k-1}, v_k)$, $e_k = (v_k, v_1)$, wobei einem Pfad noch eine Verbindung vom Anfangs- zum Endknoten hinzugefügt wird.

Ein **Hamilton-Kreis** (Pfad) in einem Graphen $\mathcal{G}$ ist ein Kreis (Pfad), der alle Knoten von $\mathcal{G}$ enthält.

In einem **vollständigen** Graphen sind alle möglichen Paare von Knoten durch eine Kante verbunden.

A.2 Bäume

Eine wichtige Klasse von Graphen für viele Anwendungen in der Informatik (etwa Suchen, Codieren oder Sortieren) sind Bäume.

Ein **Baum** ist ein zusammenhängender Graph $(\mathcal{V}, \mathcal{E})$ ohne Kreise.

Ein Baum hat also $|\mathcal{V}| - 1$ viele Kanten. Knoten mit Grad 1 werden als **Endknoten** bezeichnet, Knoten mit Grad größer als 1 heißen **innere Knoten**.

Ein **Wurzelbaum** ist ein Baum mit einem ausgezeichneten Knoten, der sogenannten Wurzel.

Ein Wurzelbaum ist **regulär**, wenn alle inneren Knoten (außer der Wurzel mit Grad s) denselben Grad $s + 1$ besitzen. Für $s = 2$ spricht man von binären Bäumen.

Die Tiefe eines Wurzelbaumes ist die maximale Länge eines Pfades von der Wurzel zu einem der Endknoten.

In Kapitel 11 gibt es interessante Formeln zur Abzählung von Bäumen. George Pólya hat dazu eine ganze Theorie entwickelt, da speziell in der Chemie wichtige Strukturen durch Bäume beschrieben werden können. Eine berühmte Formel von Cayley besagt, dass es n^{n-2} verschiedene Bäume mit genau n Knoten gibt. Die Anzahl binärer Wurzelbäume mit n Knoten ist eine Catalan-Zahl (Abschnitt 12.4).

A.3 Zeiger

Üblicherweise werden Gruppen von Daten gleichen Typs in modernen Programmiersprachen in Arrays gespeichert. Dazu werden die einzelnen Elemente in aufeinanderfolgenden Speicherzellen abgelegt. Im folgenden Beispiel befinden sich die Buchstaben S,T,A,H und L in den Speicherzellen 1,2,3,4 und 5

Beispiel A.2.

1	2	3	4	5
S	T	A	H	L

Soll an dritter Stelle der Buchstabe R eingefügt werden, so ergibt sich natürlich:

1	2	3	4	5	6
S	T	R	A	H	L

Im Computer ist diese Operation allerdings mit ziemlich viel Arbeit verbunden. Zunächst muss eine zusätzliche Speicherzelle bereitgestellt werden. Dann müssen die Buchstaben A, H, und L jeweils eine Position nach hinten verschoben werden, bevor schließlich das R an Position 3 geschrieben wird.

Auch der umgekehrte Prozess – Übergang von STRAHL auf STAHL – erfordert nicht nur das einfache Löschen des Buchstaben R, sondern auch das anschließende Verschieben der folgenden Buchstaben um eine Position nach vorn.

Deshalb werden Datenbanken auch gerne über Zeiger verwaltet. **Zeiger** sind eine Datenstruktur, in der zusätzlich zum gespeicherten Element die Speicheradresse des vorherigen oder nachfolgenden Elements angegeben ist. Auf dieses Element bzw. dessen Speicheradresse wird gezeigt.

Beispiel A.3. Das Wort STAHL wäre mit der Zeigerstruktur (auf Nachfolger) abgespeichert als

|S,2|T,3|A,4|H,5|L,end|.

Der Vorteil dieser Struktur ist nun, dass Einfügen und Löschen ohne Verschiebung weiterer Daten realisiert werden kann. So würde der neue Buchstabe R einfach angehängt, und die Zeigerwürden entsprechend abgeändert:

|S,2|T,6|A,4|H,5|L,end|R,3|

Die Speicheradressen müssen jetzt nicht mehr aufeinanderfolgen, sondern können beliebig verteilt sein, eventuell auch sogar auf mehrere Computer, was verteiltes Rechnen ermöglicht.

A.4 Darstellung von Bäumen und Graphen im Computer

Die Darstellung eines Arrays über Zeiger wird auch als **verkettete Liste** (*linked list*) bezeichnet. Eine solche verkettete Liste kann auch zur Darstellung eines Pfades oder eines Kreises benutzt werden.

Bäume lassen sich im Computer sehr gut abspeichern, indem ein Zeiger auf den Vorgänger gesetzt wird. Bei binären Bäumen, die etwa durch die Catalan-Zahlen enumeriert werden, könnte man auch mit zwei Zeigern auf die jeweiligen Nachfolger arbeiten. Der Ansatz über die Vorgänger ist speziell bei Bäumen mit einer einzigen Wurzel eleganter, da nur die Wurzel keinen Vorgänger hat und dann der entsprechende Zeiger auf Anfang (*void*) gesetzt werden muss.

Weitere Graphen lassen sich im Prinzip über Zeiger abspeichern. Sind dort jedoch Knoten mit vielen Nachfolgern vorhanden, so wird eher eine Listenstruktur gewählt, bei der für jeden Knoten eine Liste der Nachfolger geführt wird.

Anhang B
Lösungen zu den Übungen

Lösungen zu Kapitel 1

1.1

$$\bar{A} \cap B = \{7,8\}$$
$$A \cup \bar{B} = \{1,2,3,4,5,6\}$$
$$\bar{A} \cap \bar{B} = \{6\}$$

1.2

$$M_1 = \{x \mid x = 3k, k = 0,1,2,3,4\}$$
$$M_2 = \{x \mid |x| \leq 3, x \in \mathbb{Z}\}$$
$$M_3 = \{x \mid x = 2k-1, k \leq 5, k \in \mathbb{N}\}$$
$$M_4 = \{x \mid x = 2k, k \leq 5, k \in \mathbb{N}\}$$

1.3

$$n(K) = 50 \quad n(T) = 40 \quad n(K \cap T) = 35 \quad n(\overline{K} \cup \overline{T}) = 10$$

$$n = n(K) + n(T) - n(K \cap T) + n(\overline{K} \cup \overline{T}) = 65$$

Es haben 65 Personen an der Umfrage teilgenommen.

1.4 Niemand kauft nur den Artikel A. 10 Kunden kaufen nur den Artikel C.

$$n(A \setminus B \setminus C) = n(A) - n(A \cap B) - n(A \cap C) + n(A \cap B \cap C)$$
$$= 50 - 30 - 40 + 20 = 0$$
$$n(C \setminus A \setminus B) = n(C) - n(A \cap C) - n(B \cap C) + n(A \cap B \cap C)$$
$$= 70 - 40 - 40 + 20 = 10$$

1.5 Es sind folgende Angaben gegeben:

$$n = 1000 \qquad n(A) = 420 \qquad n(B) = 326 \qquad n(C) = 160$$
$$n(A \cap B) = 116 \quad n(A \cap C) = 100 \quad n(B \cap C) = 30 \quad n(A \cap B \cap C) = 16$$

1.
$$n(A \cap \overline{B}) = n(A) - n(A \cap B) = 304$$

2.
$$n(C \cap \overline{A} \cap \overline{B}) = n(C) - n(A \cap C) - n(B \cap C) + n(A \cap B \cap C) = 46$$

3.
$$n(\overline{A \cup B \cup C}) = n - \big(n(A) + n(B) + n(C) - n(A \cap B) - n(B \cap C)$$
$$- n(A \cap C) + n(A \cap B \cap C)\big) = 324$$

1.6 Mit den De-Morgan Regeln folgt:

$$(S^c \cap T^c)^c \cap (S^c \cap T^c) = (S \cup T) \cap (S^c \cap T^c)$$
$$= (S \cup T) \cap (S \cup T)^c$$
$$= \emptyset$$

1.7

$$S \times (T \cap V) = \{(1,b),(2,b)\}$$
$$(S \times T) \cup (S \times V) = \{(1,a),(1,b),(1,c),(2,a),(2,b),(2,c)\}$$
$$(S \times T) \cap (S \times V) = \{(1,b),(2,b)\}$$

B Lösungen zu den Übungen

Lösungen zu Kapitel 2

2.1 Der Nachweis erfolgt mit einer Wahrheitstafel (Tab. B.1).

Tabelle B.1: Distributivgesetz

p	q	r	$q \vee r$	$p \wedge (q \vee r)$	$p \wedge q$	$p \wedge r$	$(p \wedge q) \vee (p \wedge r)$
f	f	f	f	f	f	f	f
f	f	w	w	f	f	f	f
f	w	f	w	f	f	f	f
f	w	w	w	f	f	f	f
w	f	f	f	f	f	f	f
w	f	w	w	w	f	w	w
w	w	f	w	w	w	f	w
w	w	w	w	w	w	w	w

2.2

1.

a	b	$a \to b$
0	0	1
0	1	1
1	0	0
1	1	1

Die disjunktive Normalform ist:

$$a \to b = (\neg a \wedge \neg b) \vee (\neg a \wedge b) \vee (a \wedge b)$$

2. Die SOPE-Form von $a \to b$ ist $\neg a \vee b$. Dies sieht man am Karnaugh-Diagramm:

	a	
b	0	1
0	1	
1	1	1

2.3 Für die Schaltung a existieren drei Minterme, für die Schaltung b existieren vier Minterme. Die disjunktiven Normalformen lauten:

$$a = (\neg p \wedge \neg q \wedge r) \vee (p \wedge \neg q \wedge r) \vee (p \wedge q \wedge r)$$
$$b = (\neg p \wedge \neg q \wedge \neg r) \vee (\neg p \wedge \neg q \wedge r) \vee (\neg p \wedge q \wedge \neg r) \vee (p \wedge q \wedge r)$$

Die Karnaugh-Diagramme sind dann folgende:

	q	q	$\neg q$	$\neg q$			q	q	$\neg q$	$\neg q$
$a:$	p $\neg p$	w	w w		$b:$	p $\neg p$	w		w	w
	r	$\neg r$	r	$\neg r$			r	$\neg r$	r	$\neg r$

Als SOPE erhält man:

$$a: (p \wedge r) \vee (r \wedge \neg q) = r \wedge (p \vee \neg q)$$
$$b: (\neg p \wedge \neg q) \vee (\neg p \wedge \neg r) \vee (p \wedge q \wedge r) = \neg p \wedge (\neg q \vee \neg r) \vee (p \wedge q \wedge r)$$

2.4 Sie stellen eine Wahrheitstafel für die drei Aussagen m, d, t auf und ermitteln eine Normalform. Die SOPE-Darstellung ist:

$$(m \wedge \neg d) \vee (m \wedge \neg t)$$

2.5 Die disjunktive Normalform setzt sich aus den Mintermen

$$(\neg a \wedge b) \vee (a \wedge b) = b \wedge (a \vee \neg a) = b$$

zusammen (Tab. B.2).

Tabelle B.2: Wahrheitstabelle zu Lösung 2.5

a	b	$a \wedge \neg b$	$\neg a \wedge b$	$(a \wedge \neg b) \vee (\neg a \wedge b)$	$\ldots \oplus a$
0	0	0	0	0	0
0	1	0	1	1	1
1	0	1	0	1	0
1	1	0	0	0	1

2.6 Die Minterme $m \wedge d \wedge \neg t$, $m \wedge \neg d \wedge t$ und $m \wedge \neg d \wedge \neg t$ sind im Karnaugh-Digramm wie in Tab. B.3.

Tabelle B.3: Karnaugh-Diagramm zu Übung 2.6

		0	1	1	0		m
-----		---	---	---	---		-----
		0	0	1	1		d
0			1	1			
1			1				
t							

Die Auswertung des Diagramms führt zum Term $(m \wedge \neg t) \vee (m \wedge \neg d)$.

2.7 Die Auswertung der Wahrheitstabellen liefert:

1. Tautologie: Stets WAHR
2. Widerspruch
3. Ergebnis der Wahrheitstabelle: $WWW = W$, $WFW = F$, $WWF = W$, $WFF = F$, $FWF = W$, $FFW = W$, $FWW = W$, $FFF = W$
4. Ergebnis der Wahrheitstabelle: $WW = W$, $WF = W$, $FW = F$, $FF = W$

2.8 Für alle x gilt, dass x eine ungerade oder gerade Zahl ist. Hier kann nicht gelten: $\forall x : p(x) \wedge q(x)$. Nun wird die Aussage $\forall x : p(x) \wedge \forall x : q(x)$ untersucht. Für alle x gilt, dass x eine ungerade Zahl ist, und für alle x gilt, dass x eine gerade Zahl ist. Das ist FALSCH. Also sind die beiden Aussagen identisch:

$$\forall x : p(x) \wedge q(x) \Leftrightarrow \forall x : p(x) \wedge \forall x : q(x)$$

Die weiteren Rechenregeln sind entsprechend auszuwerten. $\exists x : p(x) \vee q(x)$ ist im Wahrheitsgehalt identisch mit $\exists x : p(x) \vee \exists x : q(x)$. Nicht übereinstimmen die folgenden Aussagen:

$$\forall x : p(x) \vee q(x) \not\Leftrightarrow \forall x : p(x) \vee q(x)$$
$$\exists x : p(x) \wedge q(x) \not\Leftrightarrow \exists x : p(x) \wedge q(x)$$

2.9

1. $\forall x : q(x) \Rightarrow p(x)$: Für alle x, die durch 3 teilbar sind, gilt auch, dass sie durch 2 teilbar sind. Das ist FALSCH.
2. $\forall x : r(x) \Rightarrow q(x)$: Für alle x, die durch 6 teilbar sind, gilt auch, dass sie durch 3 teilbar sind. Das ist WAHR, weil 3 ein Teiler von 6 ist.
3. $\forall x : p(x) \wedge q(x) \Leftrightarrow r(x)$: Eine Zahl ist genau dann durch 2 und durch 3 teilbar, wenn sie durch 6 teilbar ist. Das ist WAHR, weil z. B. $2 \times 3 = 6$.
4. $\forall x : \neg p(x) \wedge \neg q(x) \wedge \neg r(x)$: Jede natürliche Zahl ist nicht durch 2, 3 und 6 teilbar. Das ist FALSCH, weil z. B. 6 eine natürliche Zahl ist, für die dies gilt.

2.10 Die Verneinung der Aussagen aus Übung 2.9:

1. $\neg \forall x : q(x) \Rightarrow p(x) \leftrightarrow \exists x : \neg(q(x) \Rightarrow p(x))$
$\leftrightarrow \exists x : \neg(\neg q(x) \vee p(x))$
$\leftrightarrow \exists x : q(x) \wedge \neg p(x)$
Es gibt eine natürliche Zahl, die durch 3 und nicht durch 2 teilbar ist. Dies ist WAHR.

2. $\neg \forall x : r(x) \Rightarrow q(x) \leftrightarrow \exists x : r(x) \wedge \neg q(x)$. Es gibt eine natürliche Zahl, die durch 6 und nicht durch 3 teilbar ist. Dies ist FALSCH.

3. $\neg \forall x : p(x) \wedge q(x) \Leftrightarrow r(x) \leftrightarrow \exists x : \neg(p(x) \wedge q(x) \Leftrightarrow r(x))$
$\leftrightarrow \exists x : A(x) \Leftrightarrow \neg r(x)$ mit $A(x) = p(x) \wedge q(x)$
$\leftrightarrow \exists x : (A(x) \Rightarrow \neg r(x)) \wedge (\neg r(x) \Rightarrow A(x))$
$\leftrightarrow \exists x : (\neg A(x) \vee \neg r(x)) \wedge (r(x) \vee A(x))$
$\leftrightarrow \exists x : \neg(A(x) \wedge r(x)) \wedge (r(x) \vee A(x))$
$\leftrightarrow \exists x : \bigl(\neg(A(x) \wedge r(x)) \wedge r(x)\bigr) \vee \ldots$
$\bigl(\neg(A(x) \wedge r(x)) \wedge A\bigr)$
$\leftrightarrow \exists x : \bigl((\neg A(x) \vee \neg r(x)) \wedge r(x)\bigr) \vee \ldots$
$\bigl((\neg A(x) \vee \neg r(x)) \wedge A(x)\bigr)$
$\leftrightarrow \exists x : \bigl((\neg A(x) \wedge r(x)) \vee (r(x) \wedge \neg r(x))\bigr) \vee \ldots$
$\bigl((A(x) \wedge \neg A(x)) \vee (A(x) \wedge \neg r(x))\bigr)$
$\leftrightarrow \exists x : (r(x) \wedge \neg A(x)) \vee (A(x) \wedge \neg r(x))$
$\leftrightarrow \exists x : A(x) \oplus r(x)$
$\leftrightarrow \exists x : (p(x) \wedge q(x)) \oplus r(x)$
Es existiert eine natürliche Zahl, die entweder durch 2 und 3 oder durch 6 teilbar ist. Dies ist WAHR.

4. $\neg \forall x : \neg p(x) \wedge \neg q(x) \wedge \neg r(x) \Leftrightarrow \exists x : \neg(\neg p(x) \wedge \neg q(x) \wedge \neg r(x))$.
$\Leftrightarrow \exists x : p(x) \vee q(x) \vee r(x)$
Es existiert eine natürliche Zahl, die durch 2 oder durch 3 oder durch 6 teilbar ist. Das ist WAHR.

B Lösungen zu den Übungen

Lösungen zu Kapitel 3

3.1

1. Die Zahl $(237)_{10}$ ist als Binärzahl $(11101101)_2$:

$$(237)_{10} = 1 \times 2^7 + 109$$
$$109 = 1 \times 2^6 + 45$$
$$45 = 1 \times 2^5 + 13$$
$$13 = 0 \times 2^4 + 13$$
$$13 = 1 \times 2^3 + 5$$
$$5 = 1 \times 2^2 + 1$$
$$1 = 0 \times 2 + 1$$
$$1 = 1 \times 2^0 + 0$$

2. $(0.1)_{10}$ ist in der Binärdarstellung $(0.000\overline{1100})_2$. Die Umrechnung erfolgt mit dem identischen Schema: $0.1 = 0 \times 2^{-1} + 0.1$. Äquivalent dazu ist:

$$2 \times 0.1 = 0.2 \to 0$$
$$2 \times 0.2 = 0.4 \to 0$$
$$2 \times 0.4 = 0.8 \to 0$$
$$2 \times 0.8 = 1.6 \to 1$$
$$2 \times 0.6 = 1.2 \to 1$$
$$2 \times 0.2 = 0.4 \to 0$$
$$2 \times 0.4 = 0.8 \to 0$$
$$\vdots$$

3. Als normalisierte Gleitkommadarstellung ist die Zahl $(0.1)_{10}$ im Binärsystem $(1.100\overline{1100})_2 \times 2^{-4}$.

4. Die Zahl $(237.10)_{10}$ im IEEE-Standard ist $v = 0$, $E = (7 + 127)_{10} = (134)_{10} = (10000110)_2$, $1.M = (1.1101101000110011001101001)_2$:

$$(237.10)_{10} = 0.10000110.11011010001100110011001$$

3.2

$$\log_{12} 7 = \frac{\log_{10} 7}{\log_{10} 12} = \frac{\ln 7}{\ln 12} = 0.7830919$$

3.3

1.
$$\frac{1}{5} = (0.\overline{1254})_7,$$

weil:

$$7 \times 0.2 = 1.4 \to 1$$
$$7 \times 0.4 = 2.8 \to 2$$
$$7 \times 0.8 = 5.6 \to 5$$
$$7 \times 0.6 = 4.2 \to 4$$
$$\vdots$$

2.
$$\frac{2}{5} = (0.\overline{0110})_2,$$

weil:

$$2 \times 0.4 = 0.8 \to 0$$
$$2 \times 0.8 = 1.6 \to 1$$
$$2 \times 0.6 = 1.2 \to 1$$
$$2 \times 0.2 = 0.4 \to 0$$
$$\vdots$$

3.4 Zuerst wird die Zahl aus dem dezimalen Zahlensystem in das binäre Zahlensystem umgewandelt:

$$x = 11.25 = (1011.01)_2$$

Als Nächstes wird die binäre Zahl normalisiert:

$$x = (1.01101_2) \times 2^3 \quad e = \lfloor \log_2(|11.25|) \rfloor = 3$$

Das Vorzeichenbit v ist null. Der Exponent E wird aus dem Exponenten $e = 3$ und dem Bias $= 127$ berechnet:

$$E = 3 + 127 = 130 = (10000010)_2$$

Die nicht verwendeten Stellen werden mit Nullen aufgefüllt. Die Zahl $x = 11.25$ in der IEEE-Norm ist folglich:

$$v = 0 \quad E = 10000010 \quad M = 01101000000000000000000$$

Die Rückrechnung einer IEEE-normierten Zahl erfolgt durch:

$$\begin{aligned} x &= (-1)^v \times 1.M \times 2^{E-Bias} \\ &= (-1)^0 \times (1.01101)_2 \times 2^3 \\ &= 1.40625 \times 2^3 = 11.25 \end{aligned}$$

3.5 Die Rückrechnung einer IEEE-normierten Zahl erfolgt durch:

$$\begin{aligned} x &= (-1)^v \times 1.M \times 2^{E-Bias} \\ &= (-1)^1 \times (1.01101)_2 \times 2^3 \\ &= -1.40625 \times 2^3 = -11.25 \end{aligned}$$

Lösungen zu Kapitel 4

4.1 Die Vereinigung $B \cup C$ zweier Teilmengen B, C von A ist offensichtlich wieder eine Teilmenge von A. Außerdem gelten mit den Rechenregeln der Mengenlehre auch das Kommutativgesetz $B \cup C = C \cup B$ sowie das Assoziativgesetz $(B \cup C) \cup D = B \cup (C \cup D)$. Die leere Menge ist das neutrale Element, da $B \cup \emptyset = \emptyset \cup B = B$.

Trotzdem liegt hier keine Gruppe vor, da es nicht möglich ist, eine Menge B zu invertieren. Es findet sich also in der Regel keine Menge C mit $B \cup C = \emptyset$.

4.2 Da Matrizen komponentenweise addiert werden, übertragen sich die Eigenschaften der reellen Zahlen auf die Komponenten und damit auf die Matrizen. Die 2×2-Matrizen bilden also eine Gruppe bezüglich der Addition, wobei die Nullmatrix das neutrale Element ist.

Bezüglich der Multiplikation kann keine Gruppe vorliegen. Neutrales Element wäre die Einheitsmatrix, aber viele Matrizen sind nicht invertierbar.

4.3 Die 2×2-Matrizen bilden nicht einmal einen Ring, da die Multiplikation nicht kommutativ ist. In der Regel ist also $A \cdot B \neq B \cdot A$.

4.4 Die irrationalen Zahlen sind nicht einmal abgeschlossen. So ist $\sqrt{2} + (-\sqrt{2}) = 0$, und 0 ist eine rationale Zahl und damit nicht irrational. Auch das neutrale Element 1 bezüglich der Multiplikation ist nicht in den irrationalen Zahlen enthalten.

4.5 Neutrale Elemente sind wie bei den reellen Zahlen $0 = 0 + 0 \cdot i$ und $1 = 1 + 0 \cdot i$. Die Gruppeneigenschaften für die Addition übertragen sich dann einfach aus den entsprechenden Eigenschaften der reellen Zahlen. Genauer zu untersuchen ist die Multiplikation. Diese ist abgeschlossen und kommutativ, da

$$(a+bi) \cdot (c+di) = (ac - bd) + (ad + bc)i = (c+di)(a+bi).$$

Das Assoziativgesetz ist etwas umständlicher zu verifizieren, gilt aber ebenfalls. Die Invertierung einer komplexen Zahl $x = a + bi \neq 0$ erfolgt über

$$\frac{1}{x} = \frac{a - bi}{a^2 + b^2},$$

denn $(a+bi) \cdot (a-bi) = a^2 - (bi)^2 = a^2 - (-b^2) = a^2 + b^2$.

4.6

$$\begin{aligned}
a(x) + b(x) &= (x^3 + 2x^2 + 7x + 4) + (3x^2 + 5x + 1) \\
&= (1+0)x^3 + (2+3)x^2 + (7+5)x + (4+1) \\
&= x^3 + 5x^2 + 12x + 5
\end{aligned}$$

$$\begin{aligned}
a(x) \cdot b(x) &= (x^3 + 2x^2 + 7x + 4) \cdot (3x^2 + 5x + 1) \\
&= (1 \cdot 3)x^5 + (1 \cdot 5 + 2 \cdot 3)x^4 + \\
&\quad + (1 \cdot 1 + 2 \cdot 5 + 7 \cdot 3)x^3 + (2 \cdot 1 + 7 \cdot 5)x + 4 \cdot 1 \\
&= 3x^5 + 11x^4 + 32x^3 + 37x + 4
\end{aligned}$$

Lösungen zu Kapitel 5

5.1 Für die erste Gleichung ist die Lösung $x = 9a$:

B Lösungen zu den Übungen

$$b^{1.25(x-a)} = b^{x+a}$$
$$b^{0.25x} = b^{2.25x}$$
$$x = 9a$$

Die Lösung der zweiten Gleichung ist $x = \frac{\ln 5 + \ln 2}{2\ln 3 - \ln 2}$:

$$5 \times 2^{x+1} = 3^{2x}$$
$$\ln 5 + (x+1)\ln 2 = 2x\ln 3$$
$$\ln 5 + \ln 2 = 2x\ln 3 - x\ln 3$$
$$x = \frac{\ln 5 + \ln 2}{2\ln 3 - \ln 2}$$

5.2 Die Gleichungen sind zu logarithmieren. Dann können sie nach x aufgelöst werden:

$$y = e^{a+bx} \Rightarrow x = \frac{\ln y - a}{b}$$
$$e^{-ax} = 0.5 \Rightarrow x = \frac{\ln 2}{a}$$

5.3

$$(x^3 - 3x^2 - 5x + 6) \div (x-1) = (x^2 - x - 6)$$
$$\Rightarrow (x^2 - x - 6)(x-1) = x^3 - 3x^2 - 5x + 6$$
$$(x^2 - x - 6) \div (x-3) = (x+2)$$
$$\Rightarrow (x+2)(x-3) = x^2 - x - 6$$
$$x^3 - 3x^2 - 5x + 6 = (x+2)(x-3)(x-1)$$

Lösungen zu Kapitel 6

6.1 R ist nicht reflexiv, da zum Beispiel $(2,2) \in R$, aber $2 \neq 2$ falsch ist.

R ist symmetrisch, da mit $x \neq y$ auch $y \neq x$ gilt.

R ist antisymmetrisch, da zum Beispiel aus $2 \sim_R 3$ und $3 \sim_R 2$ nicht folgt, dass $3 = 2$ gilt.

R ist nicht asymmetrisch, da zum Beispiel aus $2 \sim_R 3$ nicht folgt, dass $3 \nsim_R 2$ gilt.

R ist nicht transitiv, da zum Beispiel aus $2 \neq 3$ und $3 \neq 2$ nicht folgt, dass $2 = 2$ gilt.

6.2 Die Relation R ist reflexiv, da $x - x = 0$ und 0 gerade für alle x gilt.

R ist symmetrisch, da, wenn $x - y$ gerade ist, dann auch $y - x$ gerade ist.

R ist transitiv, da, wenn $x - y$ und $y - z$ gerade sind, dann auch $x - z = (x - y) + (y - z)$ gilt und die Summe zweier gerader Zahlen auch gerade ist.

R ist nicht antisymmetrisch. Aus $x - y$ gerade und $y - x$ gerade folgt nicht, dass $x = y$ gilt.

R ist nicht asymmetrisch. Aus $x - y$ gerade folgt nicht, dass $y - x$ nicht gerade gilt.

6.3 Die Relation

$$R = \{(1,1), (2,2), (3,3), (1,2), (2,3), (1,3)\}$$

besitzt die geforderten Eigenschaften.

6.4 Damit R eine Äquivalenzrelation ist, muss Reflexivität, Symmetrie und Transitivität gelten.

Reflexivität: Ist $(a,b) \in \mathbb{R}^2$ ein Paar von reellen Zahlen, dann gilt für die Relation R:
$$((a,b),(a,b)) \in R \Leftrightarrow a \times b = b \times a$$

Symmetrie: Für Symmetrie muss gelten:
$$((c,d),(a,b)) \in R \Leftrightarrow c \times b = d \times a$$

Transitivität: Wenn
$$((a,b),(c,d)) \in R \quad \text{und} \quad ((c,d),(e,f)) \in R$$

gelten, dann muss unter der Transitivitätsbedingung auch
$$((a,b),(e,f)) \in R$$

gelten. Nach den obigen Relationen gilt
$$a \times d = b \times c \quad \text{und} \quad c \times f = d \times e,$$

und damit gilt auch

B Lösungen zu den Übungen

$$b = \frac{a \times d}{c} \quad \text{und} \quad f = \frac{d \times e}{c}.$$

Daraus folgt:

$$a \times f = a \times \frac{d \times e}{c} = \frac{a \times d}{c} \times e = b \times e$$

Die Transitivität ist erfüllt.

Die Relation R ist unter den Voraussetzungen der Reflexivität, Symmetrie und Transitivität eine Äquivalenzrelation.

6.5

$$R_2 \circ R_1 = \mathbf{R}_1 \times \mathbf{R}_2 = \begin{bmatrix} 0 & 1 & 1 & 0 \\ 0 & 0 & 0 & 0 \\ 0 & 0 & 0 & 0 \\ 0 & 0 & 0 & 0 \end{bmatrix} \times \begin{bmatrix} 0 & 0 & 0 & 0 \\ 0 & 0 & 0 & 1 \\ 1 & 0 & 0 & 0 \\ 0 & 0 & 0 & 0 \end{bmatrix} = \begin{bmatrix} 1 & 0 & 0 & 1 \\ 0 & 0 & 0 & 0 \\ 0 & 0 & 0 & 0 \\ 0 & 0 & 0 & 0 \end{bmatrix} = \{(a,a),(a,d)\}$$

$$R_1 \circ R_2 = \mathbf{R}_2 \times \mathbf{R}_1 = \begin{bmatrix} 0 & 0 & 0 & 0 \\ 0 & 0 & 0 & 1 \\ 1 & 0 & 0 & 0 \\ 0 & 0 & 0 & 0 \end{bmatrix} \times \begin{bmatrix} 0 & 1 & 1 & 0 \\ 0 & 0 & 0 & 0 \\ 0 & 0 & 0 & 0 \\ 0 & 0 & 0 & 0 \end{bmatrix} = \begin{bmatrix} 0 & 0 & 0 & 0 \\ 0 & 0 & 0 & 0 \\ 0 & 1 & 1 & 0 \\ 0 & 0 & 0 & 0 \end{bmatrix} = \{(c,b),(c,c)\}$$

Lösungen zu Kapitel 7

7.1 Die Restklasse R_3 modulo 7 besteht aus der zyklischen Gruppe

$$R_3 = \{\ldots, -4, 3, 10, \ldots\}.$$

7.2 Eine zu 3 modulo 7 kongruente Zahl ist zum Beispiel 10:

$$10 - 3 \mod 7 = 0 \to R_3$$

7.3 Die Werte in Tabelle B.4 sind die Ergebnisse der Multiplikation $a \times b$ mod 7.

Tabelle B.4: Multiplikation $a \times b \mod 7$

	0	1	2	3	4	5	6
0	0	0	0	0	0	0	0
1	0	1	2	3	4	5	6
2	0	2	4	6	1	3	5
3	0	3	6	2	5	1	4
4	0	4	1	5	2	6	3
5	0	6	3	1	6	4	2
6	0	6	5	4	3	2	1

7.4 Die modulare Inverse von 3 modulo 7 ist 5, denn es gilt:

$$5 \times 3 \mod 7 = 1$$

Das Ergebnis kann auch aus Tabelle B.4 abgelesen werden.

7.5 Als Erstes ist festzustellen, ob der größte gemeinsame Teiler von 17 und 64 Eins ist:

$$64 = 3 \times 17 + 13$$
$$17 = 1 \times 13 + 4$$
$$13 = 3 \times 4 + 1$$
$$4 = 4 \times 1 + 0 \Rightarrow \text{ggT}(17, 64) = 1$$

17 und 64 sind relativ prim. Es existiert eine modulare Inverse:

$$1 = -3 \times 4 + 13$$
$$= -3 \times (-1 \times 13 + 17) + 13$$
$$= 4 \times 13 - 3 \times 17$$
$$= 4 \times (-3 \times 17 + 64) - 3 \times 17$$
$$= -15 \times 17 + 4 \times 64$$
$$1 \equiv -15 \times 17 \mod 64$$
$$\equiv 49 \times 17 \mod 64$$
$$49 \times 17 \equiv 1 \mod 64$$

49 ist eine modulare Inverse von 17 mod 64.

Alternativ kann man auch rechnen: $q_1 = 3$, $q_2 = 1$ und $q_3 = 3$. Mit den Anfangswerten $t_4 = 0$ und $t_3 = 1$ ergibt sich dann die Rekursion:

$$t_2 = 0 - 1 \cdot 3 = -3$$
$$t_1 = 1 - (-3) \cdot 1 = 4$$
$$t_0 = -3 - 4 \cdot 3 = -15$$

B Lösungen zu den Übungen

Lösungen zu Kapitel 8

8.1 Das Generatorpolynom ist
$$g(x) = x^5 + x^2 + 1.$$
Die Information
$$a(x) = x^5 + x^4 + x^2 + x$$
wird erweitert mit x^5, und man erhält
$$a(x)x^5 = x^{10} + x^9 + x^7 + x^5.$$
Die Polynomdivision liefert das Restpolynom (Checksum):
$$r(x) = x^4 + x^3 + x = 11010$$
Die codierte Information beträgt folglich:
$$a(x)x^5 - r(x) = x^{10} + x^9 + x^7 + x^5 + x^4 + x^3 + x = 110101 \mid 11010$$
Die gesendete Information wird mit $a(x)x^5 - r(x) \div g(x)$ überprüft. Die Teilung muss ohne Rest aufgehen. Dann ist die gesendete Information korrekt übertragen worden.

Lösungen zu Kapitel 9

9.1 Siehe Abschnitt 7.4 und Abschnitt 9.2

9.2

1. Zuerst werden die Buchstaben in Zahlen übertragen. Das Wort klausur ist dann:
$$10, 11, 0, 20, 18, 20, 17$$
Nun werden die Zahlen zum Modul 26 mit 19 addiert:
$$3, 4, 19, 13, 11, 13, 10$$
Anschließend erfolgt die Verschlüsselung mit dem Faktor 17. Da 17 eine modulare Inverse zum Modul 26 ist, ist eine eindeutige Rückrechnung möglich:
$$25, 16, 11, 13, 5, 13, 14$$

2. Bei der Dechiffrierung werden die Verschlüsselungsschritte in umgekehrter Reihenfolge mit den Umkehroperationen angewendet, zuerst also mit der modularen Inversen von 17. Die modulare Inverse von 17 zum Modul 26 ist 23:

$$(23 \times 25) \mod 26 = 3, 4, 19, 13, 11, 13, 10$$

Nun wird die modulare Addition durch die Subtraktion von 19 zum Modul 26 aufgehoben:

$$(3 - 19) \mod 26 = 10, 11, 0, 20, 18, 20, 17$$

Der Ausgangscode ist wiederhergestellt.

9.3 Aus den Zahlen $p = 13$ und $q = 7$ werden

$$n = 13 \times 7 = 91$$

und

$$m = 12 \times 6 = 71$$

berechnet. Nun wird eine zu m teilerfremde Zahl bestimmt. Es wird $e = 5$ gewählt.

Der nächste Schritt ist die Berechnung der modularen Inversen d von e modulo m: $d = 29$. Der öffentliche Schlüssel besteht aus dem Paar $(91, 5)$ und der private Schlüssel aus dem Paar $(91, 29)$.

Es soll die Nachricht $x = 3$ verschlüsselt werden:

$$y = 3^5 \mod 91 = 61$$

Der Empfänger kann die Nachricht mit

$$x = 61^{29} \mod 91 = 3$$

entschlüsseln.

Zur Berechnung ist es sinnvoll, einen Computer zu verwenden. Der Pseudocode in R dazu wäre:

```
p <- 13
q <- 7
n <- p * q
m <- (p - 1) * (q - 1)
e <- 5
```

B Lösungen zu den Übungen

```
# Überprüfung, ob e und m teilerfremd sind
ggt(e,m) == 1

# Berechnung der modularen Inversen
d <- modinv(e,m)

# Nachricht
x <- 3

# Verschlüsselung
y <- modpot(x,e,n) %% n

# Entschlüsselung
modpot(y,d,n) %% n # == 3
```

9.4 Zunächst wird durch wiederholtes Quadrieren berechnet:

$$7^1 = 7, 7^2 = 49 = 12 \mod 37$$
$$7^4 = 12^2 = 144 = 33 = -4 \mod 37$$
$$7^8 = (-4)^2 = 16 \mod 37$$
$$7^{16} = 16^2 = 256 = 34 = -3 \mod 37$$

Dann ist

$$7^{29} = 7^{16+8+4+1} = 7^{16} \cdot 7^8 \cdot 7^4 \cdot 7^1$$
$$= (-3) \cdot 16 \cdot (-4) \cdot 7 = 12 \mod 37.$$

9.5 Person A veröffentlicht $f(a) = g^a = 7^{29} = 12 \mod 37$ (Rechnung in der vorherigen Aufgabe).

Person B veröffentlicht $f(b) = g^b = 7^5 = 9 \mod 37$.

Beide können nun den öffentlichen Schlüssel $K = g^{a \cdot b} = g^{29 \cdot 5} = 7 \mod 37$ berechnen: Person A durch $f(a)^b = 12^5 = 7 \mod 37$ und Person 2 durch $f(b)^a = 9^{29} = 7 \mod 37$

9.6 Zunächst ist $341 = 11 \cdot 31$ keine Primzahl. Die direkte Rechnung 2^{340} wird bei den meisten Taschenrechnern zum Überlauf führen. Mit schnellem Exponenzieren berechnet man jedoch problemlos:

$$2^{340} = 2^{256+64+16+4} = 2^{256} \cdot 2^{64} \cdot 2^{16} \cdot 2^4 \mod 37$$
$$= 64 \cdot 16 \cdot 64 \cdot 16 = 1 \mod 37$$

Lösungen zu Kapitel 10

10.1 Die Länge des Funktionswertes $f(x)$ ist nicht fest, sondern ändert sich auch mit der Größe der Zahl x.

10.2 Die Anzahl Bits des Kontrollcodes sind ja durch den Grad des Generatorpolynoms festgelegt. Da dieser Grad nicht variiert, wird ein beliebig langer Text immer auf einen Text fester Länge abgebildet, sodass der Kontrollcode eine Hashfunktion ist. Es liegt aber keine kryptografische Hashfunktion vor, da es sehr einfach ist, einen Text mit vorgegebenem CRC-Kontrollcode zu konstruieren. So kann man das Restpolynom, das der CRC-Code ja darstellt, zu einem beliebigen Vielfachen des Generatorpolynoms addieren.

10.3 Lesen Sie den Text dazu noch einmal genau durch. Diese Anwendung ist in der Praxis wirklich sehr wichtig.

10.4 Das Puzzle beim Proof of Work basiert auf dem Auffinden eines Textes mit vorgegebenem Hashwert. Dazu wird heute schon zu viel Energie verbraucht. Deshalb wird bei Kryptowährungen wie Ethereum mit Hochdruck an Proof-of-Stake-Verfahren gearbeitet. Die Belohnung ist eine Vergütung in der entsprechenden Kryptowährung. Beim Proof of Work ändert diese Belohnung nicht die Verhältnisse in der Rechenleistung, allerdings die Besitzverhältnisse in der entsprechenden Kryptowährung. Langfristig führt dies zum *rich-get-richer*-Phänomen. Wer also schon über einen großen Anteil der Kryptowährung verfügt, wird auf Dauer noch reicher. Es ist über ein Losverfahren nicht so einfach, einen Anreiz zum Schürfen zu geben.

10.5 Befindet sich eine Münze oder Banknote in meiner Hand, so ist dies in der Regel schon der Besitznachweis. Die Übergabe sollte eigentlich rechtens stattgefunden haben. Bei elektonischem Geld muss diese Übergabe durch digitale Unterschriften nachgewiesen werden. Eine weitere Attacke ist der sogenannte Double Spend, da verhindert werden muss, dass eine elektronische Münze mehrfach verwendet wird, obwohl der Besitzer diese schon ausgegeben hat. Dieser Angriff ist sehr problematisch und führt heute zu den langen Wartezeiten bei Transaktionen mit Kryptowährungen.

Lösungen zu Kapitel 11

11.1 Es handelt sich um eine Kombination ohne Wiederholung. Die Reihenfolge, in der die Karten ausgegeben werden, spielt keine Rolle. Die Kombinationen jedes Spielers ist durch ein logisches UND miteinander verknüpft:

B Lösungen zu den Übungen

$$\binom{32}{10}\binom{22}{10}\binom{12}{10} = 2.7533 \times 10^{15}$$

11.2 Es bestehen drei verschiedene Möglichkeiten, die Klausur zu beantworten:

1. Aus den ersten fünf Fragen drei UND aus den letzten sieben Fragen fünf

   ODER

2. aus den ersten fünf Fragen vier UND aus den letzten sieben Fragen vier

   ODER

3. aus den ersten fünf Fragen fünf UND aus den letzten sieben Fragen drei:

$$\binom{5}{3}\binom{7}{5} + \binom{5}{4}\binom{7}{4} + \binom{5}{5}\binom{7}{3} = 420$$

11.3 Bei drei, vier und fünf Richtigen müssen n aus den sechs gezogenen Kugeln und $6 - n$ aus den 43 nicht gezogenen Kugeln angekreuzt sein. Es gibt

$$\binom{6}{n}\binom{43}{6-n} \quad \text{mit } n = 3, 4, 5$$

verschiedene Gewinnmöglichkeiten.

11.4 Es existieren $2 \times 26 = 52$ große und kleine Buchstaben. Damit können

$$V(52, 2) = \frac{52!}{(52 - 2)!} = 2652$$

verschiedene Buchstabenpaare ohne Wiederholung aus dem Alphabet von kleinen und großen Buchstaben gezogen werden. Alternativ kann man auch $C(52, 2) = 1326$ Buchstabenkombinationen ohne Berücksichtigung der Reihenfolge ziehen. Für die Buchstabenauswahl stehen

$$C(6, 2) = \binom{6}{2} = 15$$

verschiedene Positionen zur Verfügung. In der alternativen Betrachtung stehen dann $V(6, 2) = 30$ Positionen unter Berücksichtigung der Reihenfolge zur Verfügung. Insgesamt sind

$$C(6, 2) \times V(52, 2) = 39780$$

verschiedene Buchstabenkombinationen möglich. Die Auswahl von vier aus zehn Ziffern ermöglicht

$$V_w(10,4) = 10^4$$

verschiedene Anordnungen. Diese können mit den 39780 kombiniert werden, sodass

$$V(52,2) \times C(6,2) \times 10^4 = 397\,800\,000$$

verschiedene Passwörter möglich sind.

11.5 Es handelt sich um eine Kombination ohne Wiederholung, weil die Reihenfolge irrelevant ist. Somit können

$$C(20,3) = \binom{20}{3} = 1140$$

verschiedene Dreiergruppen bestimmt werden.

11.6 Bei dieser Fragestellung ist die Reihenfolge von Bedeutung und eine Wiederholung zulässig. Es handelt sich um eine Permutation mit Wiederholung:

$$P_w(6,3,3) = \frac{6!}{3! \times 3!} = 20$$

11.7 Es handelt sich um eine Kombination mit Wiederholung:

$$C_w(5,4) = \binom{5+4-1}{4} = 70$$

11.8 Eine Wiederholung ist ausgeschlossen, aber die Reihenfolge besitzt hier eine Bedeutung. Es handelt sich um eine Variation ohne Wiederholung:

$$V(25,3) = \frac{25!}{(25-3)!} = 13800$$

11.9

1. Es handelt sich um eine Kombination ohne Wiederholung:

$$\binom{10}{5} = 252$$

2. Man kann sich die Entnahme einer solchen Stichprobe gedanklich in zwei Teilschritten vorstellen: Schritt 1 = Entnahme von zwei defekten Geräten aus den drei defekten; dafür gibt es $\binom{3}{2}$ Möglichkeiten. Schritt 2 = Entnahme von drei intakten Geräten aus den sieben intakten; dafür gibt es $\binom{7}{3}$ Möglichkeiten. Nach der Produktregel gibt es daher insgesamt

B Lösungen zu den Übungen   217

$$\binom{3}{2} \times \binom{7}{3} = 105$$

Möglichkeiten, eine Stichprobe mit genau zwei defekten Geräten zu ziehen.

11.10 Der Trainer kann
$$\binom{20}{11} = 167960$$
verschiedene Kombinationen zusammenstellen.

Lösungen zu Kapitel 12

12.1 Da die Lucas-Zahlen L_n dieselbe Rekursion wie die Fibonacci-Zahlen besitzen, setzen wir wieder an:

$$(1 - z - z^2) \sum_{n=0}^{\infty} L_n z^n = L_0 + (L_1 - L_0)z + \sum_{n=2}^{\infty} (L_n - L_{n-1} - L_{n-2}) z^n$$
$$= 2 + (2-1)z + 0$$
$$= 2 + z$$

Die erzeugende Funktion ist also $\sum_{n=0}^{\infty} L_n z^n = \frac{2+z}{1-z-z^2}$.

Der exponentielle Ansatz $L_n = z^n$ führt ebenfalls wieder dazu, dass die Lucas-Zahlen Linearkombinationen der Wurzeln der Gleichung $z^2 - z - 1 = 0$, also von $z_1 = \frac{1+\sqrt{5}}{2}$ und $z_2 = \frac{1-\sqrt{5}}{2}$, sind. Die Anfangswerte sind hier jedoch anders als bei den Fibonacci-Zahlen, sodass jetzt in der Gleichung

$$L_n = a \cdot \left(\frac{1+\sqrt{5}}{2}\right)^n + b \cdot \left(\frac{1-\sqrt{5}}{2}\right)^n$$

a und b bestimmt werden durch

$$a + b = 2, \quad a \cdot \frac{1+\sqrt{5}}{2} + b \cdot \frac{1-\sqrt{5}}{2} = 1.$$

Damit ist dann $b = 2 - a$ und

$$a \cdot \frac{1+\sqrt{5}}{2} + (2-a) \cdot \frac{1-\sqrt{5}}{2} = 1,$$

woraus $a = 1$ und $b = 1$ folgt. Also ist dann

$$L_n = \left(\frac{1+\sqrt{5}}{2}\right)^n + \left(\frac{1-\sqrt{5}}{2}\right)^n.$$

12.2 Der Ansatz über die gegebene Rekursion ist diesmal

$$(1 - 3z + z^2) \cdot \sum_{n=0}^{\infty} a_n z^n = a_0 + (a_1 - 3a_0)z + \sum_{n=2}^{\infty}(a_n - 3a_{n-1} + a_{n-2})z^n$$
$$= 1 + (1 - 3)z + 0$$
$$= 1 - 2z.$$

Die erzeugende Funktion ist $\sum_{n=0}^{\infty} a_n z^n = \frac{1-2z}{1-3z+z^2}$.

12.3 Wieder werden der Nenner durch die Rekursion und der Zähler durch die Anfangswerte bestimmt:

$$(1 - z - z^2 - z^3) \sum_{n=0}^{\infty} b_n z^n = b_0 + (b_1 - b_0)z + (b_2 - b_1 - b_0)z^2$$
$$+ \sum_{n=3}^{\infty}(b_n - b_{n-1} - b_{n-2} - b_{n-3})z^n$$
$$= 1 + (1 - 1)z + (1 - 1 - 1)z^2 + 0$$
$$= 1 - z^2$$

Die erzeugende Funktion lautet dann $\sum_{n=0}^{\infty} b_n z^n = \frac{1-z^2}{1-z-z^2-z^3}$.

12.4 Die erzeugenden Funktionen zum Wechseln des Betrags in Münzen von genau i Cent für $i = 1, 2, 5, 10$ sind bekanntlich

$$A_i(z) = \frac{1}{1 - z^i} = 1 + z^i + z^{2i} + z^{3i} + z^{4i} + \ldots$$

Der Koeffizient von z^{20} im Produkt der erzeugenden Funktionen $A_1(z) \cdot A_2(z) \cdot A_5(z) \cdot A_{10}(z)$ gibt uns dann die Anzahl Möglichkeiten, 20 Cent in kleinere Münzen zu wechseln.

Dieses Produkt wird jetzt (rückwärts) bis zum Grad 15 ausgerechnet:

$$A_{10}(z) \cdot A_5(z) = (1 + z^{10})(1 + z^5 + z^{10} + z^{15}) = 1 + z^5 + 2z^{10} + 2z^{15}$$

B Lösungen zu den Übungen

$$A_{10}(z) \cdot A_5(z) \cdot A_2(z) = (1 + z^5 + 2z^{10} + 2z^{15}) \cdots$$
$$\cdot (1 + z^2 + z^4 + z^6 + z^8 + z^{10} + z^{12} + z^{14})$$
$$= 1 + z^2 + z^4 + z^5 + z^6 + z^7 + z^8 + z^9 + 3z^{10} +$$
$$+ z^{11} + 2z^{12} + z^{13} + 2z^{14} + 2z^{15}$$

$$A_{10}(z) \cdot A_5(z) \cdot A_2(z) \cdot A_1(z) = (1 + z^2 + z^4 + z^5 + z^6 + z^7 + z^8 + z^9 +$$
$$3z^{10} + +z^{11} + 3z^{12} + z^{13} + 3z^{14} + 2z^{15}) \cdots$$
$$\cdot (1 + z + z^2 + z^3 + z^4 + z^5 + z^6 + z^7 + z^8 +$$
$$+ z^9 + z^{10} + z^{11} + z^{12} + z^{13} + z^{14} + z^{15})$$
$$= 1 + z + 2z^2 + 2z^3 + 3z^4 + 4z^5 + 5z^6 + 6z^7 +$$
$$+ 7z^8 + 8z^9 + 12z^{10} + 13z^{11} + 16z^{12} +$$
$$+ 17z^{13} + 20z^{14} + 22z^{15}$$

Man hätte natürlich auch den bereits vorgestellten rekursiven Rechenweg wählen können. Dieser hätte nur den Koeffizienten von z^{15} geliefert. Hier ergeben die Koeffizienten der kleineren Potenzen auch gleich die Anzahl der Möglichkeiten, 14 Cent, 13 Cent, usw. zu wechseln. Es gibt also 22 Möglichkeiten, 15 Cent zu wechseln. Weiterhin gibt es 20 Möglichkeiten für 14 Cent, 17 Möglichkeiten für 13 Cent, usw.

12.5 Die erzeugende Funktion der Wahrscheinlichkeiten ist:

$$G(z) = \sum_{i=1}^{\infty} p_i z^i = \sum_{i=1}^{\infty} a^{i-1}(1-a)z^i = (1-a)\sum_{i=0}^{\infty} a^{i-1}z^i$$
$$= (1-a) \cdot z \cdot \sum_{i=1}^{\infty} a^{i-1}z^{i-1}$$
$$= (1-a) \cdot z \cdot \sum_{i=0}^{\infty} a^i z^i$$
$$= (1-a) \cdot z \cdot \frac{1}{1-az} = (1-a)\frac{z}{1-az}$$

Mit der Quotientenregel für das Differenzieren ist dann

$$G'(z) = (1-a)\frac{1 \cdot (1-az) - z(-a)}{(1-az)^2} = \frac{1-a}{(1-az)^2}$$

und der Erwartungswert $G'(1) = \frac{1-a}{(1-a)^2} = \frac{1}{1-a}$.

Lösungen zu Kapitel 13

13.1
$$\binom{n}{k} = \frac{n!}{k!(n-k)!} = \frac{n \cdot (n-1) \cdot \ldots \cdot (n-k+1)}{k!}$$
$$\leq n \cdot (n-1) \cdot \ldots \cdot (n-k+1)$$
$$\leq n^k$$

Also ist $\binom{n}{k} = \mathcal{O}(n^k)$ und wächst damit höchstens so schnell wie das Polynom n^k.

13.2
$$\binom{2n}{n} = \frac{(2n)!}{n!n!} = \frac{(2n) \cdot (2n-1) \cdot \ldots \cdot (n+1)}{n!}$$
$$= \frac{2n}{n} \cdot \frac{2n-1}{n-1} \cdot \frac{2n-2}{n-2} \cdot \ldots \cdot \frac{n+2}{2} \cdot \frac{n+1}{1}$$
$$\geq 2 \cdot 2 \cdot 2 \cdot \ldots \cdot 2 \cdot 2$$
$$= 2^n$$

Also wächst $\binom{2n}{n}$ mindestens so schnell wie 2^n und damit exponentiell in n, und dies ist noch eine sehr grobe Abschätzung.

13.3 Mit der Stirling-Formel ist $n! \approx \frac{n^n}{e^n}$ und $(2n)! \approx \frac{(2n)^{2n}}{e^{2n}}$ und damit

$$\binom{2n}{n} = \frac{(2n)!}{n!n!}$$
$$\approx \frac{(2n)^{2n}}{e^{2n}} \cdot \frac{(e^n)^2}{(n^n)^2}$$
$$= \frac{(2n)^{2n}}{n^{2n}} = \left(\frac{2n}{n}\right)^{2n}$$
$$= 2^{2n} = 4^n$$

13.4 Es ist $\sqrt{n} = n^{0.5} = e^{0.5 \cdot \ln(n)}$. Also ist $\sqrt{n}$ exponentiell in $\ln(n)$ und somit sicher $\ln(n) = o(\sqrt{n})$.

13.5 Post-Quantum bedeutet „nach Realisierung eines Quantencomputers". Sollten solche Quantencomputer in naher Zukunft konstruiert werden können (und dies zeichnet sich ab), kann man das Produkt von zwei Primzahlen mit dem Algorithmus von Shor so schnell faktorisieren, wie die Primzahlen erzeugt werden. Dies ist aber die dem RSA-System zugrunde liegende Einwegfunktion, sodass das RSA-System und einige weitere Systeme, die auf Primzahlalgorithmen beruhen, nicht mehr sicher wären. Post-Quantum-Kryptografie soll das RSA-System im Bedarfsfall ersetzen.

13.6 Für die Laufzeitanalyse der while-Schleife (R-Code 11.3) erhalten wir

$$t(n) = 6 + n + 1 \Rightarrow \mathcal{O}(n).$$

Die while-Schleife durchläuft n Schritte und gehört zur Komplexitätsklasse $\mathcal{O}(n)$ und ist damit schneller zu berechnen als mit einer Rekursion.

Lösungen zu Kapitel 14

14.1 Die Analyse großer Datenmengen (Big Data) ist mit herkömmlichen Rechenverfahren kaum noch zeitgerecht zu bewerkstelligen. Deshalb werden neuronale Netze immer wichtiger, zumal diese auch von den großen Datenmengen gut trainiert werden können. Big Data fallen dabei sowohl bei den Kundendaten als auch bei Servern und Kommunikation an. Die Kundendaten möchten diese Unternehmen natürlich möglichst gut etwa für Marketing-Zwecke analysieren. Die Daten bei Servern und Kommunikation wie E-Mail sollen für Diagnosen genutzt werden.

14.2 Wird der Schwellenwert bei Summierung der gewichteten Eingaben überschritten, feuert das Neuron – es sendet also Signale an benachbarte Neuronen. Der Schwellenwert wird natürlich plötzlich überschritten; mathematisch müsste die Umsetzung über eine Treppenfunktion erfolgen, die leider nicht stetig ist. Deshalb werden diese Treppenfunktionen in der Praxis durch stetige Funktionen wie Sigmoide ersetzt.

14.3 Ein Hidden Layer ist eine versteckte Schicht im neuronalen Netz. Eine solche versteckte Schicht von Neuronen befindet sich im neuronalen Netz zwischen Eingabe- und Ausgabeschicht.

14.4 Von Deep Learning spricht man, wenn neuronale Netze mit sehr vielen Neuronen und, vor allen Dingen, vielen verdeckten Schichten eingesetzt werden. In 2016/17 sorgte die Deep-Learning-Anwendung Alpha Go für erhebliches Aufsehen, da es damit einer Maschine gelang, die besten menschlichen Go-Spieler zu bezwingen. Dies hatten zu diesem Zeitpunkt selbst Experten nicht für möglich gehalten.

Literaturverzeichnis

[1] Ahlswede, A., Althöfer, I., Deppe, C., & Tamm, U. (2016). *Rudolf Ahlswede's Lecture Notes 3: Hiding Data – Selected Topics.* Cham, Heidelberg, New York, Dordrecht, London: Springer.
[2] Baumann, U., Franz, F., & Pfitzmann, A. (2014). *Kryptographische Systeme.* Berlin, Heidelberg: Springer Vieweg.
[3] Brill, M. (2004). *Mathematik für Wirtschaftsinformatiker.* Heidelberg: Hanser, 2 edition.
[4] Burnett, S. & Paine, S. (2001). *Kryptographie, RSA Security's Official Guide.* Bonn: mitp-Verlag.
[5] Callan, R. (2003). *Neuronale Netze.* München: Pearson Studium.
[6] Fortnow, L. (2013). *The Golden Ticket: P, NP and the Search for the Impossible.* Princeton, Oxford: Princeton University Press.
[7] Jacobs, K. (1983). *Einführung in die Kombinatorik.* Berlin: de Gruyter.
[8] Kohn, W. & Öztürk, R. (2018). *Mathematik für Ökonomen. Ökonomische Anwendungen der linearen Algebra und Analysis mit* `scilab`. Berlin, Heidelberg: Springer.
[9] Narayanan, A., Bonneau, J., Felten, E., Miller, A., & Goldfeder, S. (2016). *Bitcoin and Cryptocurrency Technologies.* New Jersey: Princeton University Press.
[10] Sedgewick, R. (2002). *Algorithmen.* München: Pearson Studium.
[11] Tittmann, P. (2000). *Einführung in die Kombinatorik.* Heidelberg, Berlin: Spektrum Akademischer Verlag.
[12] Toenniessen, F. (2010). *Das Geheimnis der transzendenten Zahlen.* Heidelberg: Spektrum Akademischer Verlag.
[13] Wilf, H. S. (2006). *Generatingfunctionology.* Wellesley, MA, USA: A.K. Peters Ltd., 3 edition.

Sachverzeichnis

A

Abbildung 58
Abrundungsfunktion 61
Absorptionsgesetz 26
adjazente Kanten 194
Äquivalenz 22
Äquivalenzklasse 80, 83, 87
Äquivalenzrelation 80
algebraische Zahlen 5
Allquantor 32
Alpha Zero 184
antisymmetrische Relation 77
Assoziativgesetz 13, 25
asymmetrische Relation 77
Aufrundungsfunktion 61
Ausklammerregel 33
Aussage 20

B

Baum 194
Betragsfunktion 60
Bias 43
Big Data 184
bijektive Abbildung 58
Bildmenge 58
binäre Relation 76
binäre Zahlensystem 41
Binomialkoeffizient 67, 147, 150
Binomischer Satz 67, 118
Blockchain 134, 138

C

Caesar Chiffre 114
Carmichael-Zahl 119
Catalan-Zahlen 70, 161, 167
check bits 104
Codierung, zyklische (CRC) 104

D

De-Morgan-Gesetz 26
Deep Learning 190
Definitionsmenge 58
De Morgan-Gesetz 13
dezimale Zahlensystem 40
Diffie-Hellman-Protokoll 120
Digitaler Umschlag 129
Digitale Unterschrift 130
Disjunktion 21
Distributivgesetz 13, 25

E

Einwegfunktion 136, 179
Endknoten 194
euklidischer Algorithmus 95, 177
  erweiterter 97
Euler'sche Zahl 65, 69
Existenzquantor 33
Exklusion 15
Exponentialfunktion 64
  diskrete 120
Exponenzieren, schnelles 126, 177

F

Fakultät 67
Faltung 55
Fermat, Kleiner Satz 118
Fermat-Test 119
Fibonacci-Zahlen 158, 166, 174, 177
Funktion
  erzeugende 153, 165, 169
  rationale 70

G

ganze Zahlen 4, 84
Ganzzahlfunktion 61

Gauß-Klammer 61
Generatorpolynom 108
gerichteter Graph 193
Gewichte im Neuron 186
Gleitkommadarstellung 42
    normalisierte 42
Graph 193
größte gemeinsamer Teiler 95
Gruppe 51
    Generator 121
    zyklische 121

H
Hamilton-Kreis 194
Hashfunktion 129, 134
    kryptografische 136
Hash Pointer 139
Hashwert 134
Hauptsatz der Algebra 72
hexadezimale Zahlensystem 40
Hidden Layer 189

I
Idempotenzgesetz 11, 24
Identitätsgesetz 11
IEEE-Standard 43
Implikation 21
indegree Kante 193
injektive Abbildung 58
Inklusion 15
innerer Knoten 194
irrationale Zahlen 5

K
Körper 53
Künstlicher Intelligenz 184
Kanten 193
Karnaugh-Diagramm 30
kleiner Satz Fermat 118
Knoten 193
Koeffizientenvergleich 153
Kollision 135
Kombination 149
Kommutativgesetz 12, 25
Komplementgesetz 12
komplexe Zahlen 6
Komposition 79
Kongruenz 87
    Addition 89
    Multiplikation 89
    Polynom 104
    Subtraktion 89
Konjunktion 21
Konsensusregel 27

Kontraposition 26
Kontrollbit 104
Kontrollcodierung 103
Konvolution 55
Kreis 194

L
Landau'sche $\mathcal{O}$-Notation 172
Lernen, überwachtes 188
Lernrate 189
Linearfaktorzerlegung 73
Logarithmus, diskreter 121
Logarithmusfunktion 66
Logikgesetze 24
Lucas-Lehmer-Test 125
Lucas-Zahlen 170

M
Mächtigkeit 6
Maschinengenauigkeit 45
Maxterm 31
Menge 3
    abzählbare 5
    Differenz 10
    disjunkte 9
    Durchschnitt 9
    Komplement 10
    leere 7
    Produkt 11
    Vereinigung 8
Mersenne-Primzahl 125
Miller-Rabin-Test 119
Mining 138
Minterm 28
Modulare Inverse 92, 97, 114, 177
Multinomialkoeffizient 147

N
NAND 23
natürliche Zahlen 4
Negation 20
Negationsregel 34
neutraler Wahrheitswert 25
NOR 23
Normalform
    disjunktive 28
    konjunktive 31
Nullstelle 71

O
oktale Zahlensystem 40
outdegree Kante 193

P
Partialdivision 72

Sachverzeichnis

Pascal'sche Dreieck 67
Peirce-Operator 23
Permutation 146
Pfad 194
Polynom 70
   binäre 104
   kongruente 104
Polynomring 54
Post Quantum 181
Potenzfunktion 61
Potenzmenge 7
Prädikat 32
Primfaktorzerlegung 117, 125
Primzahl 116
Primzahltest 119
Proof of Stake 141
Proof of Work 138
Pseudoprimzahl 119
Public-Key-Verfahren 129
P ungleich NP 178

Q

Quadratische Ergänzung 71
Quadratwurzel 63
Quantoren 32

R

rationale Zahlen 5
reelle Zahlen 5
reflexive Relation 76
Restklassen 87
Ring 53
RSA-Verschlüsselung 123

S

Secret-Key-Verfahren 128
Sheffer-Operator 23
Sieb des Eratosthenes 116
SOPE 30

Stirling-Formel 176
surjektive Abbildung 58
symmetrische Relation 77

T

transzendente Zahlen 5
Trusted Authorities 131

U

Umkehrfunktion 60
Umwandlungsregeln 27
ungerichteter Graph 193
Universalmenge 7
Untermenge 7
Urbildmenge 58

V

Variation 148
Venn-Diagramm 6
verkettete Liste 196
Verschlüsselung
   asymmetrische 123, 129
   hybride 129
   symmetrische 128
Vertauschungsregel 34

W

Wahrheitstafel 20
Wahrheitswert, neutraler 25
Wertebereich 58
Wurzelbaum 194

X

XOR 23

Z

Zahl, teilerfremd 91
Zeiger 139, 195
zyklische Codierung 104

The manufacturer's authorised representative in the EU is Springer Nature Customer Service Centre GmbH, Europaplatz 3, 69115 Heidelberg, Germany. If you have any concerns regarding our products, please contact ProductSafety@springernature.com

Printed and bound by CPI Group (UK) Ltd, Croydon, CR0 4YY

23/03/2026

02076679-0010